人工智能
重塑个人、商业与社会

胡一波 著◎

电子工业出版社.

Publishing House of Electronics Industry

北京·BEIJING

内 容 简 介

本书介绍了与 AI 相关的理论知识，例如，AI 的核心、AI 的 3 个发展阶段、AI 的科技支撑点等。为了增强本书的全面性和系统性，也为了向大家多传授一些"干货"，本书将重点放在了 AI 在各行各业、各个领域的商业化落地项目上。

值得注意的是，本书添加了很多代表性案例，希望为读者提供实实在在的帮助。可以说，在"AI+商业"方面，本书既具有实用性，又具有可操作性，适合各种类型的读者直接使用。

未经许可，不得以任何方式复制或抄袭本书之部分或全部内容。

版权所有，侵权必究。

图书在版编目（CIP）数据

人工智能：重塑个人、商业与社会 / 胡一波著. —北京：电子工业出版社，2020.2

ISBN 978-7-121-28332-1

Ⅰ. ①人… Ⅱ. ①胡… Ⅲ. ①人工智能—普及读物 Ⅳ. ①TP18-49

中国版本图书馆 CIP 数据核字（2020）第 005490 号

责任编辑：刘志红（lzhmails@phei.com.cn）

特约编辑：李　姣

印　　刷：北京盛通商印快线网络科技有限公司

装　　订：北京盛通商印快线网络科技有限公司

出版发行：电子工业出版社

　　　　　北京市海淀区万寿路 173 信箱　邮编　100036

开　　本：787×980　1/16　印张：13.75　字数：264 千字

版　　次：2020 年 2 月第 1 版

印　　次：2022 年 6 月第 5 次印刷

定　　价：89.00 元

凡所购买电子工业出版社图书有缺损问题，请向购买书店调换。若书店售缺，请与本社发行部联系，联系及邮购电话：（010）88254888，88258888。

质量投诉请发邮件至 zlts@phei.com.cn，盗版侵权举报请发邮件至 dbqq@phei.com.cn。

本书咨询联系方式：（010）88254479，lzhmails@phei.com.cn。

从出现到发展再到火爆，AI 已经走过了近 70 个年头。在这个过程中，有过很多精彩的故事，出现过很多传奇人物，产生过很多新型的科技。当然，也遭遇过很多严峻的挑战。

如今，智能手机、智能音箱、智能机器人等 AI 产品随处可见。无人驾驶、无人化工厂、智能金融、医疗大脑等新事物改善了社会现状。

这一切的一切都在告诉我们，AI 的未来是基于生活场景的商业化落地，只有让普通民众享受到便捷、高效的 AI 服务，AI 才会有更加广阔的发展前景，才会有更加美好的未来。

在业内，2017 年被视为 AI 商业化落地的元年。这一年，AI 不仅被写入政府工作报告，成为前沿科技的代名词，也在与各行各业的融合方面取得了可喜的成果。

经历了 3 个完全不同的发展阶段后，现在的 AI 已经比较成熟，尤其在大数据、云计算、深度学习等技术的支撑下，AI 更是成为新时代不可或缺的工具和帮手。

基于这样的背景，AI 在农业、工业、金融、医疗、教育、娱乐、文艺等诸多领域开始有了落地应用，并且诞生了许多明星和独角兽企业，例如，百度、阿里巴巴、Google、IBM、微软等。

当然，除了这些明星和独角兽企业以外，还有很多代表性案例，例如，微软小冰、达·芬奇手术系统、扫地机器人、天猫精灵、魔镜系统、可穿戴机器人等。

AI 点亮了人们的生活，让农产品更加生态化、工厂更加高效、金融业务更加便利、诊断和药物研发更加高效、学生的学习更加容易、文艺的形式更加丰富……

目前，市场上有很多讲述 AI 理论知识的书籍，而关于 AI 如何从实验室走出来、如何实现商业化落地、如何与各行各业相融合的书籍却寥寥无几。

但事实上，读者最想看到的并不是 AI 理论知识，而是真真正正的"干货"。所以，作者以 AI 的商业革新为切入点，结合自身开发 AI 产品的经历，撰写了本书。

作者把丰富的知识和多年积累的实践经验浓缩成本书，奉献给每一位读者。本书不仅讲述了很多基础性内容，还附带了大量的经典案例和精心制作的图表，真正实现图文并茂。

另外，本书的文字内容也力求诙谐幽默、浅显直白，目的就是要让读者在轻松愉快的氛围中学到知识和方法。

通过对本书的学习，读者可以迅速了解 AI，掌握 AI 商业化落地的真谛。可以肯定的是，对于想学习 AI 的相关从业者、需要 AI 知识和技巧的管理者、对 AI 感兴趣的读者来说，对本书的学习之旅将会是一次非常完美的体验。

未来已来。在 AI 时代，企业、政府、个人应该齐心协力，联起手来，通过 AI 让生活更加美好、更加智能，争取创造一个富有科技感的明天。

目录 CONTENTS

第二部分　AI 助力：加速商业场景落地

第一部分

人工智能：科技新力量，引领时代潮流

第1章

AI 在时代风口：借科技力量，塑商业前景

物质水平的提升与人类精神文明的发展，都离不开科技力量。在这个飞速发展的时代，科技就是人类文明演进的源泉。从整体上来看，AI 正处在风口，有非常强大的商业潜力，以及广阔的发展前景，所以了解与其相关的知识十分必要。

1.1 AI 知多少：揭开 AI 的神秘面纱

人工智能的英文名称是 Artificial Intelligence，简称 AI。关于什么是 AI，众说纷纭。有人认为，能够在一秒内完成百亿次计算的超级计算机是 AI；有人认为只有像钢铁侠那样的智能机器人才是 AI。那么 AI 究竟是什么呢？本节将为大家揭晓谜底。

1.1.1 人工智能的核心在智能

人工智能是一门新兴的科学。关于人工智能的定义也有很多，但整体上还是众说纷纭。

创新工场的 CEO 李开复教授认为："人工智能是一种工具。"而美国麻省理工学院的

温斯顿教授认为："人工智能就是研究如何使计算机去做过去只有人才能做的智能工作。"

他们的观点虽然表述不一，但核心理念相同。人工智能可以提升人们的工作效率，能够代替人们从事烦琐的劳动，让人们做更有价值、更有创造性的事情。

其实，为了更简单地理解人工智能，我们可以做一个有趣的文字拆分游戏。人工智能可以分解为人工与智能两部分。

人工强调的是要有人类的某种特征，能够借助智能系统，去适应社会，使人们的生活更加美好。例如，人工智能工具能够与人们进行交谈，能够辨别人脸，智能地分析处理图片，能够像人一样进行深度的思考和学习。

智能强调的是高效率。例如，人工智能工具借助大数据技术能够提高计算能力，能够提升智能分析的效率，让人们从事更富有创造力的工作。

以无人超市为例，它就兼具人工与智能两种属性。

早前，亚马逊开发了最早的无人超市——Amazon Go，并申报了相关的科技专利。

Amazon Go 的人工体现在它的智能视觉识别技术上。Amazon Go 的商品货架上装有多个摄像头。这些摄像头拥有先进的识别技术，可以识别人脸，而且能够通过人、货架及商品的相对位置的变化，判断谁拿走了什么商品。这样一来，当顾客离开超市时，Amazon Go 会智能地从顾客的账户中扣除购买商品的费用。

Amazon Go 的智能体现在借助大数据技术，有效地提升了顾客购物的效率。在无人超市出现之前，付款的时候，如果有很多人排队，必须要经过漫长的等待。可是现在一切都简化了，人工智能可以自动识别商品与人脸，智能扣除费用，从而免去等待环节，随买随走，最终提高购物的效率。

1.1.2　人工智能的 3 个发展阶段

在这个时代，数据规模似乎已经大到无法想象，如果企业或机构想对这些数据进行精准分析的话，那就少不了人工智能技术的支持和帮助。

从定义上来讲，人工智能是在智能学习算法的助力下，对大量数据中的经验进行总结，并用其改善系统自身的性能，从而实现人类才能完成的事情。

可以说，对于人工智能而言，最离不开的就是数据分析和机器学习。此外，值得一提的是，对智能数据分析的理论和方法进行研究也已经成为人工智能的一个必要基础。

从目前的情况来看，人工智能在各个领域的地位正在变得越来越突出，其强大的作用也受到了越来越广泛的关注，一时间，对人工智能进行深入了解就变成了一件非常重要的事情。

实际上，要想深入了解人工智能，最好是从其发展阶段着手。那么，人工智能究竟经历了哪些发展阶段呢，具体包括以下 3 个发展阶段，如图 1-1 所示。

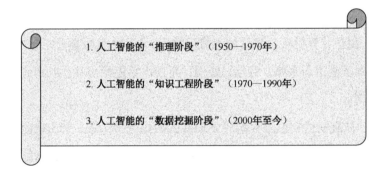

1. 人工智能的"推理阶段"（1950—1970年）

2. 人工智能的"知识工程阶段"（1970—1990年）

3. 人工智能的"数据挖掘阶段"（2000年至今）

图 1-1　人工智能的 3 个发展阶段

1. 人工智能的推理阶段（1950—1970 年）

这一阶段，大多数人认为，实现人工智能只需要赋予机器逻辑推理能力就可以。因此，机器只是具备了逻辑推理能力，并没有达到智能化的水平。

2. 人工智能的知识工程阶段（1970—1990 年）

这一阶段，人们普遍认为，只有让机器学习知识才可以实现人工智能。在这种情况下，大量的专家系统就被开发了出来。之后，人们逐渐发现，给机器灌输已经总结好的知识并不是一件非常容易的事。

举一个比较简单的例子，某家企业想要开发一个诊断疾病的人工智能系统，首先要做的就是找一批经验丰富的老医生总结与疾病相关的知识和规律，然后再将这些知识和规律灌输给机器。不过，在总结知识和规律的环节，该企业已经花费了巨额的人工成本，而机器只不过充当了一台自动执行知识库的工具，根本无法取代人力工作。由此来看，这一阶段同样也没有实现真正意义上的智能化。

3. 人工智能的数据挖掘阶段（2000 年至今）

目前，已经提出的机器学习算法都得到了非常好的应用，不仅如此，深度学习技术也获得了迅猛发展，在这种情况下，人们希望机器可以通过海量数据分析自动总结并学习到知识，从而实现自身的智能化。

这一阶段，由于计算机硬件水平的大幅度提升，再加之大数据分析技术的不断发展，机器已经可以对数据进行采集、存储、处理，而且水平还相当高，AlphaGo 就是验证这一点的最佳范例。

可以看到，从最初的知识工程阶段到现在的数据挖掘阶段，人工智能一直都是在进步的，其智能化水平也在不断提高。而这也在一定程度上表明，人工智能拥有着非常广阔的发展前景，未来一定会发挥越来越重要的作用。

1.1.3　AI 研究发展的态度：前景光明

硅谷"钢铁侠"埃隆·马斯克曾在 Twitter 上写道："对于我们人类来讲，只有坚持最美好的初衷，AI 也才会更美好。"因此，从 AI 的商业落地来讲，我们也要坚持最美的初衷，用更人性化的设计引流人类社会，促使商业变革。

传统的粗放经营的商业模式已经被时代淘汰，在 AI 时代，商业模式会向更集约化、细分化、智能化的方向发展。

如今，AI 产品在商业落地时，必须要在三个层面做好细分。分别是，进一步细分行业领域，进一步细分市场前景，以及进一步细分用户场景。

对进一步细分行业领域来说，人们可以在智能家居领域、教育领域、汽车领域或者娱乐领域进一步细分智能产品的研发应用与推广。只有这样，才能够让人们接受智能产品，并逐渐对智能产品建立依赖感，AI 的商业落地速度才会更快，市场前景才会更好。

美国的漫威影视在 AI 商业变革层面就做得极其出色。漫威本是一家漫画企业，可是后来由于出现经营危机，不得不卖出旗下英雄的版权来维持企业的生存。例如，漫威把 X 战警系列的改编权卖给了 20 世纪的福克斯，蜘蛛侠的改编权经过一路辗转，最终卖给了索尼企业。21 世纪初，这两家企业把这些漫画中的超级英雄搬上了大荧屏，获得了巨大的盈利。

漫威此时就坐立难安了。自己打造的超级英雄，成为了别人盈利的嫁衣裳，于是漫威开始了复购之旅。2009 年，迪士尼成功收购漫威影视后，加快了超级英雄 IP 的复购步伐。

自 2008 年起，漫威就利用新科技、强大的好莱坞特效及精湛的编剧，把旗下的超级英雄重新搬回荧屏。《钢铁侠》的成功，使得漫威获得了巨大的盈利。

随后，漫威影视逐渐推出了一系列的超级英雄，例如无敌浩克、美国队长、蚁人、奇异博士、蜘蛛侠等。影视中还附带产生了另一些超级英雄，例如黑寡妇、鹰眼、寒冬战士等。

随着 AI 水平的进一步提升，观众审美水平也随之有了提升。漫威团队又陆续将复仇者联盟系列及银河护卫队系列搬上了荧屏。这些都获得了非常大的盈利。2018 年 5 月 11 日，漫威影视的《复仇者联盟 3》正式在我国上线，上架 3 天就创下了 13 亿元的票房收入奇迹。

漫威影视的成功离不开 AI 的加持。AI 视觉技术能够捕捉影院观众的表情变化，从而在设计剧情时，能够设计出更精彩的看点。大数据技术能够让漫威团队看到来自各个影评网站的评分资料，从而对剧情、特效做出更细致化的处理。好莱坞技术团队利用云计算和深度学习技术，能够做出更具有视觉震撼力的特效，满足观众的观影需求。

不仅在商业电影领域，在衣、食、住、行等各个商业领域，都需要 AI 的加持，需要进一步细分场景、优化场景体验，这样才能够有更好的发展前景。

1.1.4　正解人工智能：用技术点亮生活，而非超越人类智慧

苹果公司 CEO 蒂姆·库克对人工智能的发展有着很理性的态度，他提到："很多人都在谈论 AI，我并不担心机器人会像人一样思考，我担心人像机器一样思考！"

由此可见，人类应该避免沦为 AI 的附庸，而是应当把 AI 作为一项智能化技术，具体因为以下四个方面：人类有意识、有无比的想象力、有审美能力和丰富的感情。

首先，相比于 AI，人拥有自我意识，懂得自我思考。

法国思想家帕斯卡尔有一句名言："人只不过是一根苇草，但他是一根能思想的苇草。"由此可见，人虽然脆弱，但是能够借助意识，更好地做到适者生存。

其次，人具有无比的想像力。

人们看到雄鹰，最终凭借想像力发明了飞机；看到鱼鳍，制造了船桨；看到飞奔的猎豹，制造了跑车。如果缺乏想像力，那么一切制造也将无从谈起，人类的文明也不会继续演进。

再次，人类有超强的审美能力。

审美是一种社会能力，必须经过深入的实践，才能够获得。优秀的小说、戏曲、散文及诗歌的创作都离不开深入的实践，并且还需要经过审美加工，进行再度创作。

四大名著久传不衰，就是由于它们内涵丰富，其中蕴含着优美的故事，以及深刻的人生感悟和处世智慧。这些都与作者的审美能力密切相关。目前的 AI 撰稿机器人只是懂得组稿，而不懂得创新，所以写不出深刻的内容，因此无法超越人类智慧。

最后，人类具有丰富的感情。

人是万物的灵长，具有丰富的情感。例如亲情、爱情与友情等。当人们为 AI 机器人输入相关程序后，虽然它们也能够表达喜、怒、哀、乐等情感，但是这些都是程序化

的，而非真实情感。所以在情感层面，AI 不能够与人类媲美。

1.2　AI 成为风口，国内外互联网巨头迎风起舞

在互联网技术不断发展的影响下，国内外互联网巨头纷纷"圈地"人工智能，在该领域一路高歌猛进，不断开发新商品。人工智能终于不再是实验室的试验品，成为出色的商业化技术代表。

以苹果、谷歌、微软为代表的国外互联网巨头从未停止过对人工智能企业的收购；国内的人工智能行业在 BAT（百度企业、阿里巴巴集团、腾讯企业）的带领下积极发展。

互联网巨头在人工智能行业纷纷"圈地"的举动是为了能在这个未被完全开发的领域中占有一席之地。科技巨擘的野心恰恰证明"得人工智能者得天下"的时代已经到来。

1.2.1　Google：无人驾驶

顾名思义，无人驾驶是指无人为干预的情况下实现汽车自动驾驶，这听起来似乎有些荒诞，但谷歌实验室确实已经能够实现该技术，并且测试行驶的距离达到近五十万千米（最后八万千米路程是在无任何人为干预措施下完成的）。

无人驾驶看起来是十分高端的技术，事实上自动驾驶面对的驾驶问题和人类驾驶汽车时是一样的，不同的是决策者从人类变成了机器，驾驶时面对的问题如图 1-2 所示。

1．此时在哪里

这个问题不是简单的 GPS 定位问题，而是综合地点、路况、当地交通规则及道路特性等各方面的问题，是一个需要地图和实时道路信息的综合问题。

图 1-2 驾驶时面对的问题

人工驾驶员是依靠 GPS 给出的路况播报和人工读取当地路标指示解决此问题的；无人驾驶技术则是靠 GPS 和传感器给出的实时路况信息解决此问题的。

2. 周围有什么

对于周围的行人、非机动车、机动车和障碍物等的辨识，人工驾驶员通过肉眼就可获知；无人驾驶技术则通过汽车的传感器不断对周围事物进行扫描来感知周围事物的存在状态。

3. 预测短时间内会发生什么事

获得综合路况信息后，人工驾驶员通过经验判断接下来会发生的事件信息；无人驾驶技术则通过人工智能技术对路况信息的深度学习后具有的预判能力来解决问题。

4. 应该怎么处理

做出预测后，人工驾驶员根据驾驶经验选出较优的驾驶方案；无人驾驶技术也是如此，不同之处在于发出决策的对象从人脑变成了人工智能的精确算法。

由此可见，自动驾驶的流程本质上和人工驾驶的流程相同，核心部位从人脑换成了人工智能。

谷歌实验室（Google X）是较早关注人工智能技术在自动驾驶方面应用的企业。全球首次全自动驾驶路测由谷歌实验室的项目组 Project Chauffeur 实现，该企业正在进一步研究自动驾驶技术，随后会推出无人驾驶技术的打车服务。

以谷歌为代表的各大科技巨头纷纷在自动驾驶技术领域投入资金。自动驾驶技术能够获得大众青睐，不仅凭借自身的新奇有趣，而且能带来更好的交通效益、社会效益和人机关系。

无人驾驶技术的交通效益主要体现在交通安全方面。研究显示，94%的交通意外是由人为操作失误造成的，其中，包括酒驾、疲劳驾驶等。无人驾驶技术杜绝了人为操作失误，从根本上减少了此类事件的发生。

无人驾驶技术的社会效益体现在减少了人工驾驶带来的经济损失方面。根据调查显示，每年交通事故带来的经济损失高达 5 940 亿美元。无人驾驶技术通过降低交通事故，大大降低了这部分的经济损失。

无人驾驶技术在人机关系方面的优势表现在降低不适宜驾车人群的比例上。例如，通过降低视力不佳人士和年长人士的驾车比例，无人驾驶技术大幅降低了路人的安全隐患，提供了更为安全的社区环境，极大地提高了交通安全性。

根据 KPMG（毕马威）的评估数据，到 2030 年，自动驾驶技术可使全球车祸死亡人数降低 25%。而英特尔的报告得出结论为无人驾驶汽车的市场规模将在 2050 年达到 7 万亿美元。这意味着无人驾驶技术有着极为巨大的市场应用。

作为新兴技术产业，无人驾驶技术绝不是毫无用处的科技幻想，而是拥有明确市场需求的新兴领域。人工智能在无人驾驶技术领域的延伸，一定会给人们的生活带来更多的便利。

1.2.2　Microsoft：融入 AI，推出虚拟机器人

微软团队在 AI 领域比较著名的案例就是虚拟机器人：小冰和小娜。

早前，微软推出了一款 AI 虚拟陪伴机器人，并取名为"微软小冰"，其头像如

图 1-3 所示。

图 1-3　微软小冰的头像

微软小冰的形象定位为 17 岁的少女，所以众多网友纷纷开启疯狂调戏模式。相关数据显示："微软小冰推出还不到一年，用户人数已经达到 3 700 万，而且即使在深夜，线上也会存在 5 万个用户同时与微软小冰展开聊天。"

但是，微软小冰由于形象问题和语言风格问题，引起众多网友纷纷吐槽。例如，小冰的造型偏杀马特，有时语言会显得语无伦次，而且她总是语出惊人，表现得像一个缺乏教养的无良少女。

对于这一现象，微软亚太研发集团主席张亚勤有着独到的见解。他认为："微软小冰有机器学习的能力，经过用户不断地与其对话，小冰也可以学习到使用者的习惯、语言。因此，此次小冰出现奇特的语言，与其对于机器学习的语言内容缺乏过滤不无关系。"

微软小冰还有一个文艺范的姐姐，她就是 Cortana（小娜）。正如微软小冰所说："我的 Cortana 姐姐是天下最温柔、贤淑的姐姐，她住在微软工程院娘家，有时去诺基亚大叔那儿串串门。我每天都很想她……"。

与微软小冰相比，小娜的素质明显高了许多，她不仅稳重而且俏皮；不仅传统，而且能够透露出文艺气息。

她的俏皮具体体现在：当 AI 系统没有识别出用户的话语时，小娜会感到很沮丧，她回答问题时会带有哀怨的语调。例如，她会用沮丧的语调回复用户："很抱歉，我不知道你在说什么"。同时，小娜的头像表情也会呈现出失落的神态。这样的设计，会使用户感觉到很自然、活泼。

无论是微软小冰，还是小娜，她们的语调更接近人，语调充满了情绪。当用户与她们谈话时，不会有太多冰冷的感觉，反而会感受到科技的温暖。

1.2.3　Apple：iPhoneX 识脸解锁功能

苹果手机的新品 iPhoneX 不仅在外观上采用创新的全屏模式，还取消了曾经引领全世界智能手机变革的 Touch ID（指纹识别感应器），启用全新的 Face ID 解锁，即刷脸解锁。

Face ID 的基本原理是通过红外发射器发射红外线的，当红外线从人脸反射回来后被传感器读取，并获取深度信息，系统得知人脸的结构后识别开锁。

苹果的 iPhone X 运用的人脸识别技术并非是独家首创的概念。人脸识别的研究起步时间较早，在 20 世纪 60 年代后期，就已有研究人员进行研发，到 20 世纪 90 年代已逐步进入市场，且该技术的准确率高达 99%。

但在各界对此感到兴奋、准备大举研发时，有关人脸识别技术的负面新闻却频频出现，因此该技术的发展一度搁浅，直到人工智能技术进入人脸识别领域，给人脸识别技术带来新的生机。

人工智能在进行人脸识别时拟合了人脸的识别函数，用户完成脸部扫描后，内部软件通过对每一个像素点的数据进行分析计算，最终得出识别结果，确认是否为用户本人。

人脸识别技术令人担忧的一点是其是否能分辨出真人和画像的区别，以此保证只为真正的用户开锁。

对此，国内人脸识别技术的领先企业旷视（Face++）副总裁吴文昊说："人脸识别技术其实很安全，并不比指纹解锁要差。该技术是基于双目活体技术进行人脸比对确认身份的。在确认身份之前，系统会通过软硬件结合的方法进行活体检测，可以有效防御冒用他人照片或者视频盗用对方账号的行为。"活体检测技术是一种用来识别确认摄像头所对应的对象是真正的活人，还是平面图像的技术。

经过人工智能的深度学习，人脸识别技术有了实质性的飞跃。除刷脸开锁，人脸识别技术还可用于刷脸支付。根据苹果官方报道，Face ID技术可用于Apple Pay（基于近场通信的手机支付功能），开启全新的刷脸时代。

人脸识别技术在智能手机等终端上大放异彩，其发展运用远不止这些，图1-4总结了一些人脸识别技术已经或将要落地的应用。

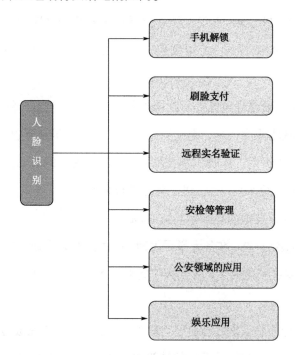

图1-4 人脸识别技术的应用

1. 手机解锁

手机解锁已在前文介绍，此处不作赘述。

2. 刷脸支付

除苹果的 Apple Pay，支付宝与肯德基合作在杭州万象城落地了全球首个刷脸支付商用试点。消费者在自助点餐下单后，只需扫描人脸并输入手机号就可以完成账单支付，整个过程不到10秒。相比排队等候付款，刷脸支付显然快捷方便得多。可以预见，未来"靠脸吃饭"将成为生活常态。

3. 远程实名验证

许多事情的办理都需要当事人实名验证身份，但由于现实生活中诸多因素的限制，实地验证总是不够便捷，影响了人们的日常学习和工作生活。

利用人脸识别技术，避免远程验证原来存在的替代作弊的问题发生，使远程实名验证成为可能。旷视的智能行业对此颇有发言权，该企业的人脸识别技术已经为全球累计2.1亿人实现了远程实名验证服务，解决了异地验证的麻烦。

4. 安检等管理

在地铁站、火车站等人群密集场所，安检等管理必不可少。现在很多场所的安检工作常见的做法还是人工值守，这种方法不仅需要人力支持，而且工作效率低。

广州地铁的万胜围站、珠江新城站、嘉禾望岗站等站点安装了人工智能安检门，可利用人脸识别技术和互联网其他创新技术实现快速的自动安检。

人工智能安检仪根据互联网大数据，为具有良好信用的旅客提供快速安检服务。除了对乘客实施安检外，人工智能安检仪还支持对乘客随身携带的小包裹进行安检，减少安检时间。人工智能安检仪的优势在于速度快、效率高，如果通过试验，将为安检等管理带来便利，可以提高重点区域的安全系数。

5. 公安领域的运用

利用人脸识别技术，公安机关的数据采集变得更加便捷，安防管理得到进一步加强。

人脸识别企业旷视科技利用人脸识别技术为多地公安系统提供实时警情数据服务，直接协助警方破获案件千余起，抓获、控制在逃人员超 2 000 人。例如，重庆市某公安分局使用商汤科技的人像比对系统，对嫌犯的识别效率提升了 200 倍，在 40 个工作日内辨认出了 69 名嫌疑人。

在运用人脸识别技术之前，指纹识别、虹膜识别等生物特征识别方式在生活中已经得到广泛运用，由于其必须做到对象与仪器的实际接触，因此在公安领域的应用存在颇多不便。而人脸识别技术保证"非接触性"，无须对方配合也可采集信息，极大地提升了系统响应速度和使用便捷度，降低接触式辨别带来的疾病传播隐患等问题。

6. 娱乐应用

人脸识别技术还可用于娱乐。例如，智能相册通过人脸识别进行照片分类，方便用户管理相册；"美颜"类 App 通过自动识别人脸为其"化妆"或"试衣"，推荐商品等。

从苹果手机的刷脸解锁，延伸到刷脸安检、刷脸支付及公安部门远程监控逃犯，人脸识别技术正在逐渐为人们的生活带来新的改变。在未来，通过人脸识别技术将人脸和身份证一对一绑定，彻底解决唯一身份的问题，人们的生活不仅更加便利，而且身份信息将变得更加安全。

1.2.4　Amazon：Alexa Echo（智能音箱）

随着人工智能应用领域的不断扩大，智能终端的形态也越来越多。在人们的家居生活方面，智能音箱的出现给人们的智能生活带来了新形式。

智能音箱是音箱的升级版产物，用户能够直接用语音进行上网，完成比如点播歌曲、上网购物等任务。除此之外，在人工智能的助力下，智能音箱可以帮助用户对其他智能家居设备进行控制，例如，定时打开窗帘、设置冰箱温度、定时开启空调等。

智能音箱的杰出代表是亚马逊的 Echo。在植入智能语音交互技术后，传统音箱获得了人工智能的属性，摇身一变成为 Echo 智能音箱。Echo 中被称为 Alexa 的语音助手可以与用户进行流畅的交流，也能为用户完成网上购物、打车、订购外卖等任务。

为家居生活带来便利的同时，亚马逊进一步将智能音箱的应用扩展到酒店服务中。亚马逊与万豪国际酒店集团（ Marriott International ）达成合作协议，后者决定通过 Echo，利用 Alexa 语音助手来控制酒店内的一系列智能设备。

在这项服务帮助下，酒店用户可以直接通过亚马逊 Echo 智能音箱远程订购房间，或在酒店房间内用 Echo 呼叫保洁人员及订餐等，不再需要使用手机或房间内的座机。

根据调研企业 Canalys 发布的数据显示，全球智能音箱的销量中亚马逊和谷歌两家巨头企业占据超过半数的份额，如图 1-5 所示。

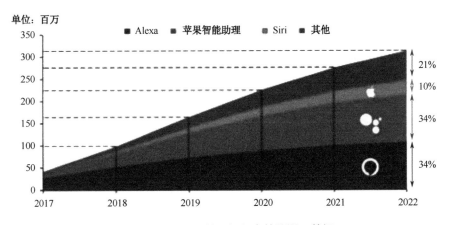

图 1-5　Canalys 关于智能音箱的调研数据

与其他场景如户外、办公场所等不便于使用语音交互技术控制智能产品不同，家庭环境十分适合使用语音交互。因此，当智能音箱作为智能家居的控制中心出现时，极大地方便了人们的家庭生活。

安装智能音箱后，人们只需一声令下就可以操作所有的智能家居产品，而不必走近家居产品或找遥控装置。这显然是非常理想的智能生活，也是智能音箱销量一路上升的原因。

以 Echo 为代表的智能音箱不仅为人们的日常生活和管理带来了方便，甚至充当了家庭成员的角色。根据 Edison Research 的研究显示，有 90% 的家长表示孩子非常喜欢智能音箱，80% 的人认为智能音箱让孩子更快乐。事实上，智能音箱的用户中有 57% 的人就是出于给孩子寻找玩伴的目的才购买了智能音箱的。

智能音箱把原来只存在于想像中的科幻故事里的管家机器人变成了现实。在人工智能语音交互方面的各种终端中，智能音箱也许不是功能最强大的，却是语音交互最好的体现形式，能够充分做到深入人们的日常生活，让智能生活变得触手可及。

第 **2** 章

AI 的科技支撑点——大数据、云计算、深度学习

> AI 崛起离不开三大支撑点，它们分别是大数据、云计算和深度学习。其中，大数据是 AI 发展的燃料，云计算则是助燃的内燃机，深度学习则能够全面提升 AI 的水平。本章通过对这三大支撑点的具体介绍，让大家充分了解 AI 背后的技术原理。

2.1 大数据：AI 发展的智力原料

大数据是 AI 发展的智力原料。百度 CEO 李彦宏认为，AI 火热发展离不开大数据的崛起，他说："现在人工智能如此火热，主要是大数据的缘故，正是有越来越多的数据，可以让机器做一些人才能完成的事情，所以人工智能在当前火热无比。"同时，这也说明，大数据将为 AI 带来更多的机会。

2.1.1 大数据时代离不开数据思维

大数据的崛起，为 AI 的发展提供了丰富的基础资源。TalkingData 是一家专注于大

数据的 AI 科研企业，该企业的技术团队十分注重数据资源的挖掘、积累与优化。他们认为："无论是 AI，还是 VR，或者是自动驾驶等高新技术，都离不开对数据的深刻理解和应用。没有海量数据的支撑，AI 不可能在近年来快速发展；没有对人类驾驶行为数据的学习，自动驾驶只能是空中楼阁。"由此可见，大数据技术的重要性。

随着科技的发展，大数据的内涵已经产生了深刻的变化。如今的大数据包含越来越大的信息量，数据的维度也越来越多。例如，大数据技术不仅能够捕捉图像与声音等静态数据，还能够捕捉人们的语言、动作、姿态及行为轨迹等动态数据。

传统的数据处理方法已经不能够更好地处理这些纷杂的数据。在 AI 时代，数据技术需要融合 AI，智能捕捉非结构化的海量数据，并进行优化处理，从而解决更多的问题，为 AI 的发展与商业的变革做出更大的贡献。

在 AI 时代，高效利用大数据应当从以下四个方面做起，如图 2-1 所示。

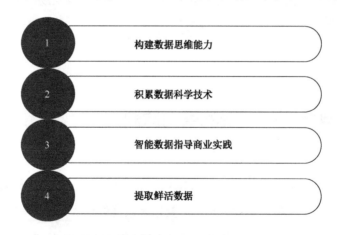

图 2-1　AI 时代，高效利用数据的四个方面

首先，要构建数据思维能力。

AI 产品的发展与 AI 商业的落地，都需要运营人员有深刻的数据洞察力与理解力。能够把大数据技术延伸至产品的市场调查、早期设计、用户跟踪及用户反馈上。这样，研发团队设计的 AI 产品才能够真正具有商业价值，获得更多的盈利。

其次，要积累数据科学技术。

数据科学技术的发展日新月异，AI 时代，AI 产品的设计团队要跟得上时代，掌握最新的数据处理方法，用最先进的算法处理数据，让数据真正为我所用。

再次，要用智能数据指导商业实践。

数据的优化处理要与商业运营相结合。根据大数据统计分析得出的最有效结论可以指导产品的升级完善，从而占领更广阔的市场。

最后，要提取鲜活的数据。

新鲜的数据才会具有时效性，带来更多的价值。为获得新鲜的数据，需要各个数据机构与平台保持开放的心态，并积极进行数据合作，这样才能够在 AI 时代取得共赢。

在未来，利用大数据技术，整合多元的数据资源，并结合行业特点进行高效应用，必然能够促进行业的新升级，促进 AI 的进一步发展与商业落地。

2.1.2 大数据为 AI 发展提供更多机会

关于 AI 的未来，中国科学院数学研究院副院长王跃飞认为："大数据的描述会像医生开处方一样，将病人的描述变得系统化、结构化、深度化。"由此可见，大数据对 AI 有巨大推动力。从长远角度来看，大数据融入人工智能，为各行各业带来了发展的新机遇。

中国经营报曾经在北京成功举办了"中国企业竞争力年会"。在这次会议上，星河集团旗下的天马股份 CEO 陶振武，对于大数据和人工智能的发展做了一个比较科学的分析，具体如下。

"AI 与大数据的发展，必然会深刻地颠覆制造企业。从经济增长规律的这个角度来看，这个颠覆是必然的。传统的制造企业是线性的增长方式；到了消费互联网时代，是平方级别的增长方式；大数据时代则是指数级别的增长方式；而到了人工智能时代，我想它是一个跨维度的增长方式，它的增长速度应该会比我们前面提到的传统产业及互联网产业的增长更快，这也是我们所追寻的增长速度。"

这就充分证明了，大数据与 AI 能够为企业的升级变革注入新的活力。

大数据与 AI 的融合，不仅能够促进制造业的设计，还能够提高文化产业的效率与活力。这里以智能写稿机器人为例进行说明。AI 与大数据技术的融合，可以提高写稿机器人的组稿效率，使其在写稿的数量上就能够完全战胜记者与编辑。写稿机器人不仅能够在写稿数量和写稿速度上完胜一般编辑，而且在资料获取的能力上也要胜过初级编辑。

写稿机器人借助 UGC（用户生产内容）运作基础，能够高质量地搜集优质信息。写稿机器人借助这一优势，能够使它站在"巨"人肩膀上"思考"，最终组成质量相对较高的稿件。

这样，记者和编辑就能够从初级、重复的组稿工作中解放出来，进行更加有深度的采访，完成更具创造力的编辑工作，为大众提供更精致、更有营养的文化。

2.2　云计算：AI 发展的智力引擎

在过去不到 20 年的时间里，全球数据量以爆炸式的状态持续增长，要想处理好这些激增的数据并发挥出它们最大的作用，就需要极为强大的云计算平台。

在人工智能领域，云计算通过大数据挖掘出的海量数据进行储存和计算，使数据发挥最大的作用。如果把大数据比作石油，云计算就是让石油发挥作用的内燃机。

2.2.1　云计算与大数据的关系

大数据就如同 20 世纪的石油那样珍贵，是一种战略资源，信息时代的到来更是让大数据变得炙手可热。但在 20 世纪之前，石油的价值远没有这么高，甚至也不算作是资源，是 100 多年前内燃机的发明改变了石油的命运。

云计算之于数据就好比内燃机之于石油。数据早已出现，但一直作为信息化的副产品存在，其背后的价值直到云计算的发明才得以体现。如果没有基于云计算的数据处理，数据再大也不是"大数据"，而是"数据无价值"。

以计算机的发明为标志的第三次工业革命以信息化为特征，人类从此进入了信息时代。以工业智能化、互联网产业化、全面云化、大数据应用化为标志的第四次工业革命以智能化、自动化为特征，人类历史将进入智能时代。

云计算正是第四次工业革命出现的概念，在这个概念出现以前，企业用某系统实现自身的数据管理，需要自己建机房、买服务器、创造系统、开发各类应用程序，还要设专人维护。这种方式不仅费工、费时，效率也不高，在企业扩大时还会出现系统与数据不符的问题。

随着信息时代的推进，企业发展越来越数字化，因此对数据资源的挖掘和管理显得越来越重要，云计算技术应运而生。

云计算的定义是"通过网络按需提供可动态伸缩的廉价计算服务"。当客户需要建立信息系统来管理数据时，只需要通过互联网向云计算平台提供商租所需的计算资源，不必自己建立机房等资源。尽管云计算的这些资源也是精确计费的，但仍比企业独立建立一系列数据管理资源要便宜和方便。

总结来说，云计算的业务模式有以下三个特点，如图 2-2 所示。

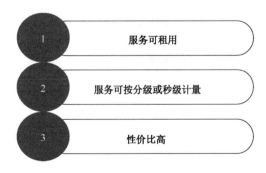

1　服务可租用

2　服务可按分级或秒级计量

3　性价比高

图 2-2　云计算的业务模式特点

1. 服务可租用

用户可通过租用来使用云计算服务。租用成本比较低，适合于大多数企业。

2. 服务可按分级或秒级计量

云计算服务的收费可按照分级或秒级计量，对用户来说这是十分合理的收费模式。

3. 性价比高

与传统的数据管理模式相比，云计算的模式性价比更高，无须企业准备一整套数据管理流程。

互联网带来了海量数据的同时，对这些数据资源的充分利用也是重中之重。尽管大数据为人工智能准备资源，但没有云计算这个工具，这份资源也毫无价值。

正如内燃机的出现才使石油成为重要的战略资源那样，云计算的出现使大数据背后的信息挖掘处理成为现实，使人工智能能真正利用大数据资源为企业服务。

2.2.2　人工智能=云计算+大数据

如果把人工智能和人类比较，大数据相当于人类从小到大记忆和存储的海量知识，云计算则相当于人类的大脑，是处理信息和反馈的神经中枢。

大量的知识（大数据）通过大脑的吸收和再造（云计算）可以创造出新的事物（人工智能），简单地表示就是"人工智能=云计算+大数据"。

在大数据和云计算的支持下，人工智能可以实现多方面的实际应用，如图 2-3 所示。

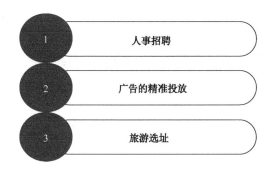

图 2-3　人工智能的应用

1. 人事招聘

在人事招聘方面，人工智能有助于为企业和求职者进行精准的匹配。招聘时往往会出现一个尴尬的局面：优秀的企业收到的简历多，但质量参差不齐，行政部筛选工作繁重；而不够优秀的企业收到的简历严重不足，得不到应有的人员补充。

在大数据和云计算的精准分析下，人工智能技术可实现海量简历和招聘职位的筛选和匹配，并分别向甲方和乙方推送合适的简历和职位，实现效率最大化。除此之外，精准的分析和推送能为企业的招聘提供参考决策。

2. 广告的精准投放

经过云计算对大数据的正确分析，人工智能技术能够实现广告的精准投放。以百度为例，百度通过搜索引擎对行业数据进行收集和运算，再利用人工智能的"百度大脑"进行数据感知，例如图像检索等，最后实现广告的精准投放。

3. 旅游选址

云计算可以对旅游景点人流量的数据进行统计分析，人工智能可结合用户的兴趣爱好和时间安排最佳的旅游地点，避免出行时进入误区及产生时间冲突。

大数据为人工智能获取刻画世界的数据资源，云计算强大的计算能力帮助人工智能实现数据处理和分析，总结出复杂事件背后的数字规律，再结合各行业的应用规则和习惯实现对人类智慧的模拟，为人类的生活带来诸多便利。

2.3 深度学习：AI 发展的智慧大脑

大数据和云计算为人工智能准备好发展的基础，再加上算法的构建就能使人工智能实现自主学习，获得真正的"智能"。深度学习算法是人工智能实现自主学习的重要途径，是人工智能发展的智慧大脑。

2.3.1 深度学习之"深"：深度学习 VS 神经网络

深度学习的概念由深度学习之父 Geoffrey Hinton 等人提出。当时，研究人员普遍希望找到一种方式让计算机能够实现"机器学习"，即用算法自主解析数据，通过不断学习数据，计算机能够对外界的事物和指令有所总结和判断。实践结果表明，深度学习算法是实现"机器学习"目的的方法。

在实现"机器学习"这一目的时，研究人员不必亲自考虑所有情况，也不用编写具体解决问题的算法，而是在深度学习算法的支持下，通过大量的实践和数据资料"训练"机器，使机器在面对某些情况时可以自主判断和决策，完成任务。

深度学习、机器学习、数据和人工智能四者之间的关系，如图 2-4 所示。

深度学习概念中的"深度"二字是对程度的形容，是相对之前的机器学习算法而言的。深度学习算法在运算层次上更加具备逻辑能力和分析能力，更加智能化。

深度学习是神经网络算法的继承和发展。传统的神经网络算法包含输入层、隐藏层与输出层（见图 2-5），这是一个非常简单的计算模型。

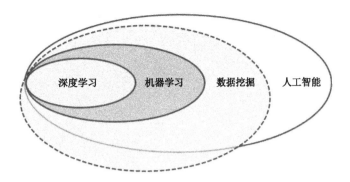

图 2-4　深度学习、机器学习、数据和人工智能四者的关系

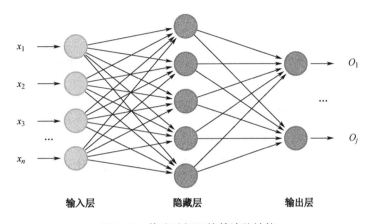

图 2-5　传统神经网络算法的结构

深度神经网络包含多层隐藏层（见图 2-6），以深度神经网络为基础的深度学习算法中的"深"指的是算法使用的层数深化。

通常情况下，深度学习算法中的隐藏层至少有 7 层。隐藏层数量越多，算法刻画现实的能力就越强，最终得出的结果与实际情况就越相符，计算机的智能程度也就越高。

拥有深度学习的加持，人工智能实现了更大范围的应用，实现了应用升级。通过深度学习，计算机能够将任务分拆，可以和各种类型的机器结合，完成多种任务。拥有深度学习的帮助，人工智能终于实现根据相关条件进行自主思考的目标，完成研究者期待已久的研究任务。

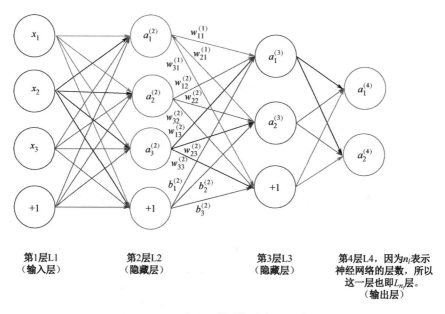

第1层L1
（输入层）　　　　第2层L2
（隐藏层）　　　　第3层L3
（隐藏层）　　　　第4层L4，因为n_l表示
神经网络的层数，所以
这一层也即L_n层。
（输出层）

图 2-6　深度学习算法包含多层隐藏层

2.3.2　深度学习与神经网络之父——Geoffrey Hinton

在深度学习领域，杰弗里·辛顿、扬·勒丘恩与约书亚·本吉奥的地位无人能及，被称为深度学习的"三巨头"。

在"三巨头"中，杰弗里·辛顿被誉为神经网络之父。他出生于英国，后移居加拿大。在深度学习领域，杰弗里·辛顿的研究工作是开创性的，深度学习能够脱离理论模型得到实际应用，更是离不开他的研究成果的支持。

扬·勒丘恩曾在多伦多大学师从杰弗里·辛顿教授做博士后研究，后加入 AT&T（美国电话电报企业）贝尔实验室，并在这里发展了卷积神经网络——一种在机器视觉领域有效的深度学习算法，成功推动手写识别等技术的进步。

如今，扬·勒丘恩成了纽约大学终身教授，并加入 Facebook 社交软件的人工智能实验组，被扎克伯格亲任为负责人。

约书亚·本吉奥生于法国，后移居加拿大的蒙特利尔，他在加入 AT&T 贝尔实验室的期间遇见扬·勒丘恩，与其一起从事深度学习的研究。约书亚·本吉开创了将神经网络做语言模型的先河，在语音识别、机器翻译等领域建树颇多，大名鼎鼎的 Theano（人工智能在线课程）就是其团队创建的。谷歌曾在蒙特利尔设立人工智能研究部门，并为约书亚·本吉等人提供 337 万美元的项目资金支持。

"三巨头"受人敬仰，地位无人可及，重要的原因是他们在深度学习领域做出的伟大贡献。而另一个关键因素也是他们获得众人敬佩的原因——在神经网络不被看好的年代，三人依旧坚持研究神经网络，这份执着和坚韧达到了常人不可企及的地步。

20 世纪 60 年代，人工智能处于刚刚起步的理论阶段，实践经验非常少，神经网络的想法并不受当时主流研究学派的重视，甚至受到某些学者的嘲笑。

在这样的舆论环境下，杰弗里·辛顿关于深度学习的论文频频被学术期刊拒收，甚至到 21 世纪初期，三人的研究成果仍未受到学术界的重视。

扬·勒丘恩作为杰弗里·辛顿的学生，和老师一起坚持研究。杰弗里·辛顿曾评价扬·勒丘恩说："是扬·勒丘恩高举着火炬，冲过了黑暗时代。"

经过 30 年的坚持，深度学习在人工智能领域的重要性终于得到大家的认可，三人终于从被排挤的地位成为深度学习"三巨头"，这令人惊叹，而他们在困境中的坚持更值得每个人学习。

正是他们不懈的坚持和探索，使人工智能的应用一个个成为现实。在我们惊讶于人工智能给生活带来变化的同时，也应牢记每位科技工作者的付出和努力，向他们的默默坚持报以敬意。

第二部分

AI 助力：加速商业场景落地

第 **3** 章

AI 融入商业：机遇与挑战并存

如果蒸汽机不进行商业化的包装成为载人载物的火车或轮船,那么蒸汽机不会为人所知并得到资本的投入一步步更新换代;如果计算机的出现没有商业化思维的支撑,那么计算机永远不会从笨重的机器进化为笔记本电脑,成为如今家庭必备的设备;如果人工智能技术不能够实现商业落地,将技术转化为有市场需求的商业产品,那么人工智能的进步与发展也将极度受限。

本章将从人工智能商业落地的关键技术点和衡量因素展开介绍,详述人工智能在商业落地过程中所面临的机遇与挑战,同时用实例介绍人工智能的商业落地场景。

3.1 AI 商业落地的新机遇：步入加速发展时代

历史经验告诉我们,任何形式的科技最终都将以产品的形式落地,并在商业化的应用中不断更新和发展,以促进社会进步。因此,对于人工智能来说,不与商业结合,不进行商业开发的科技,就无法真正给人类社会带来进步。

3.1.1　BAT 纷纷试水人工智能

在我国，BAT 巨头自然不会错过人工智能的发展机遇，他们纷纷布局人工智能，寻求新的发展点。

百度 CEO 曾这样重新定义百度企业："今天的百度已经不再是一家互联网企业，而是一家人工智能企业，整个企业一切以 AI 为先，一切以 AI 思维来指导创新，AI 是百度的核心能力。"

原百度集团总裁兼 COO 陆奇也谈到："我们正在进入人工智能的时代。人工智能的核心技术是通过数据来观察世界、通过数据来抽取知识的，而这些技术对每一个传统行业都有很大程度的提升。"

当谈到百度布局 AI 战略时，陆奇提到，在 AI 领域，百度的核心是打造百度大脑。另外，百度会以 AI 核心技术打造新的业务。例如，以 ABC 技术为支撑的百度云业务（ABC 技术分别代表人工智能、大数据和云计算）。同时，百度还打造了智能金融服务业务、无人驾驶业务以及智能语音业务等。

阿里巴巴也在向人工智能领域进军，而且目前也取得了不错的成绩。哈佛商学院的 AI 专家 William Kirby 谈到阿里巴巴的人工智能发展状况时表示："在商业环境中，阿里巴巴是一个使用人工智能的重要创新者。在我看来，阿里巴巴在改变中国业务方式方面已经做了很多；他们在每个领域都雄心勃勃。"

阿里巴巴的目标是成为 AI 行业的领导者，希望提升云存储以及云计算的超强服务能力，为用户带来更多的便捷，从而提升自身的价值，取得更长远的发展。

为了达到这样的目标，阿里云开始支持并学习前沿科技企业的深度学习框架。例如，学习谷歌的 TensorFlow 和亚马逊的 MXNet 深度学习技术。另外，阿里巴巴还用重金建立了达摩院，达摩院旗下设有诸多新兴技术研究团队，人工智能技术则是重中之重。

在 AI 竞争领域，怎么能够缺乏腾讯的身影呢？腾讯企业也积极进行 AI 战略布局，借助亿万用户的海量数据以及自身在互联网垂直领域的技术优势，广泛招揽全球范围内的顶尖 AI 科学家，在 AI 机器学习、AI 视觉、智能语音识别等领域进行深度研究。

目前，腾讯在 AI 领域已经孵化出了机器翻译、智能语音聊天、智能图像处理以及无人驾驶等众多项目。在智能医疗领域，腾讯觅影能够借深度学习技术，辅助医生诊断各类疾病，取得了不错的成绩。

3.1.2　大数据+算法+服务

现在，正处于人工智能发展的第 3 个阶段，在这个阶段中，大数据、云计算和深度学习有着不可磨灭的地位。

360 的创始人周鸿祎认为："如果没有大数据的支撑，人工智能就是空中楼阁。"

这就直接点明了大数据技术的重要性。大数据是 AI 发展的根基，如果缺乏大数据，那么人工智能的发展就会成为无水之源、无本之木。

人工智能专家李飞飞在谈及云计算时提到："云，能最大程度地让业界受益于人工智能。只有云平台，可以让企业把它们的数据都放上来。只有云能让企业有机会通过数据、计算平台和人工智能的算法来解决他们的问题，增强他们的竞争力。"

由此可见，云类似于计算机的大脑了，云计算水平的提升，必将促使 AI 的进一步发展。

杰弗里·辛顿是 AI 深度学习领域的大师。在一次演讲中，他提到："深度学习以前不成功是因为缺乏三个必要前提——足够多的数据、足够强大的计算能力和设定好初始化权重。"

如今，随着计算机性能的提升，计算能力与数据存储、分析能力的加强，深度学习也有了长足的发展。

深度学习技术是对传统算法的进一步优化升级。深度学习技术的应用，能够使计算机的智能取得质的飞跃。这些年，深度学习技术在 AI 领域有许多典型的应用，例如，语音识别技术、AI 视觉以及机器翻译等。

在 AI 发展的道路上，还要进一步发扬匠人精神，继续攻坚克难。科技工作者要用智慧钻研黑科技；政府部门要出台对 AI 发展更有利的政策；AI 产品的商业落地团队则要深入生活、深入实践，找出 AI 落地的突破口。只有社会各界各司其职、协同配合，AI 科技才能够真正地点亮我们的生活。

3.1.3 加强人才培养，储备 AI 人才

人工智能已经成为新的资本风口，AI 人才无疑是这一资本风口的圣杯，将成为企业创新式发展的新引擎。

可以说，如果要提高企业的 AI 实力，必然要寻找、投资、储备 AI 人才，在国内比较典型的代表就是商汤科技。

商汤科技创立于 2014 年，现任 CEO 是徐立，该企业是国内深度学习领域技术最强、团队规模最大、融资额最多的企业之一。商汤科技聚集了世界上深度学习领域，特别是计算机视觉领域内的权威专家。商汤科技在 AI 领域有很高权威性。例如，在人脸识别、图像识别、无人驾驶、视频分析以及医疗影像识别领域，商汤科技都有很大的话语权。他们的这些先进技术基本上都在市场上得到了应用，而且市场占有率极高。

2017 年 7 月，商汤科技成功融资 4.1 亿美元，创下全球 AI 领域最高融资纪录，从而成功跻身于 AI 独角兽额行列。

商汤科技的成功离不开优秀 AI 人才的支持，该企业拥有亚洲最大的 AI 团队，而且大多数成员都来自全球顶级的名校，例如，麻省理工学院、香港中文大学、北京大学以及清华大学等。

那么在 AI 时代，应该如何像商汤科技这样发现优秀的 AI 人才，为企业转型创造强大支持呢？具体要遵循以下三个步骤，如图 3-1 所示。

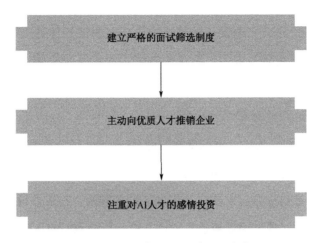

建立严格的面试筛选制度

主动向优质人才推销企业

注重对AI人才的感情投资

图 3-1　发掘优质 AI 人才的三步曲

首先，建立严格的面试筛选制度。

面试官应该奉行优质人才配优质岗位的原则，在技术岗位候选人的抉择中一定要秉承宁缺毋滥的原则，这样才能招来优质的科技型人才。

人才审核过程也一定要做到严谨，一定要秉着对企业最佳的录用原则，要做好这一点，就要设置三轮面试的机制：第一轮由企业内部的面试官进行综合考察；第二轮由企业内部相关部门的权威人士进行细致考核；第三轮则由老板亲自出面进行把关考核。

其次，主动向优质人才推销企业。

企业在"毛遂自荐"的过程中，也不能"胡子眉毛一把抓"，而是要具有宣传的战略或策略，突出自己的品牌优势，或企业发展的良好前景。

在宣传企业品牌时，一定要力求真实，做到有价值和有个性，只有这样，才能吸引优质人才。例如，微软在吸纳优质人才的时候，就把自己的卖点打造为"这里有最优秀的工程师，能够站在技术的最前沿，尽情发挥自己的想象力和创造力"。这样的卖点对于优质人才来讲意味着更长远的进步，由此，微软才能招贤纳士，立于科技的最前沿。

另外，通过优秀员工的宣传介绍，为企业引进优质的科技人才。要做到这些，就必须进行良好的企业文化建设，培养优秀员工对企业的忠诚度与热爱度。这样优秀员工就会成为效率最高的猎头，为企业做好正面的品牌宣传，为企业引进更优质的人才。

最后，要注重对 AI 人才的感情投资。

对企业的发展来讲，无论如何都要注重对 AI 人才的感情投资，以情动人才是杀手锏，同时也能长久地留住优秀的 AI 人才。

作为企业管理者或领导者需要在工作低落期多鼓励，在工作浮躁期以理服人，使 AI 人才能够戒骄戒躁，通过德理兼备的管理方式，获得他们的认可与依赖。

综上，AI 时代，企业的发展离不开具有深度学习技术的 AI 人才。要挖掘培养优秀的技术骨干，就必须严格筛选、主动推荐以及加大感情投资，只有这样，企业才会加快科技化的转型升级步伐。

3.2 AI 商业落地面临的三项挑战

目前，虽然 AI 已经取得了不小的成就，但要想真正完成商业落地，还面临严峻的挑战，例如，难以实现的规模化、步入家居生活的较慢速度、AI 威胁论等。

上述挑战必须被迅速解决，首先要是结合大数据，优化算法，提升 AI 服务能力；其次要深入实践，融入生活，与具体的场景相配合；最后还要摆正心态，不被未知的困难吓倒。

3.2.1 盈利：规模化商业落地较难

2019 年，AI 行业经历了狂飙突进式的增长，随着 AI 越来越受到人们的关注，人们对 AI 的要求也随之发生变化，甚至已经到达了临界点。例如，希望 AI 能够实现规模化落地，让消费者触手可及，从而为企业家创造价值。

在大数据时代，企业只有提升运行效率，为人们提供更完善的服务，才能满足消费者的需求，而 AI 具备能够帮助企业达到更高效率的业务规则。

例如，媒体网站使用 AI 可以进行重量级的推荐，从而获取大量用户，今日头条就是最好的例子，AI 在帮助今日头条获取忠实用户的操作上，起到不可忽视的作用。

然而，在目前的市场上，只有少数企业通过运用 AI 获得回报，还基本都是在线上实现的。就目前的状况而言，AI 暂时无法实现规模化应用落地，其原因有 3 个，如图 3-2 所示。

图 3-2　AI 暂时无法实现规模化应用落地的 3 个原因

1. 成本

AI 大潮的出现让人们看到了发展的机遇，众多企业纷纷投入大量资金从而对 AI 进行研发。然而研发 AI 的成本之高，对于不少企业来说是一个沉重的负担，不少企业只能望而却步。

以今日头条为例，今日头条对外一直将自己定位为技术企业，它的主要研发领域就是 AI 方面。早前，今日头条的内容曾出现问题，而负责内容审核和分发的就是 AI 系统。在问题出现后，今日头条大规模招聘审核编辑，招聘总成本总共不超过 2000 万。

然而，2000 万对于研发 AI 来说，可能连启动资金都算不上，要知道，研发 AI 的成本远远超乎我们的想象。李彦宏明确指出："百度每年把 15% 的营收用于研发，大约为人民币 100 亿元，而研发内容都与 AI 有关。"

虽然研发 AI 的时候已经投入重金，但 AI 还需要添加更多设备，从而进行运维与升级。因此，除了研发成本，AI 的运营成本也是不可忽略的一部分，这是企业和消费者需要共同面对的问题。

AI 作为新兴事物，其设备相对来说较为稀缺，投入的运维费用要比普通设备高出不少。以家用机器人为例，消费者无论是租赁还是购买机器人，都要对其进行定期维修，而维修费用无论是直接买单还是间接买单，都是由消费者承担的，并且维修价格不菲。

也许有人会觉得这是因为 AI 目前阶段的技术还不够成熟，才会在成本上成为劣势。这样想有一定的道理，AI 在成熟后，确实有望降低部分成本，但其系统属于高精尖技术才能实现的，最终形态不会降低太多。而且，这几年就是 AI 发展的时代，因此在短时期内 AI 成本是无法降低的。

2. 安全

AI 作为一项还在发展的新兴项目，其技术在当前并不完善。AI 如果在技术上出现了缺陷，整个系统工作就会出现异常，对消费者的安全造成威胁。

以无人驾驶为例，无人驾驶是 AI 应用领域中的重中之重，但是按照目前的发展状况来看，无人驾驶在短时期内无法解决安全问题。曾经某品牌的轿车在京港澳高速上行驶时，因开启了自动模式，直接撞上前方的道路清扫车，导致追尾事故，而车主也在该事故中不幸身亡。由此可见，AI 在技术实操上仍然存在着巨大的风险，无法保障人们的安全。

不仅如此，如果在设计无人驾驶系统时，因为安全防护技术或措施不成熟，无人驾驶汽车极有可能遭到非法入侵和控制，使犯罪分子有机可乘，做出对车主有害的事。

3. 数据

数据是 AI 发展的三大驱动力之一，可以说是 AI 发展水平的决定性因素，其重要性不言而喻。很多企业并不是以 AI 作为核心发展动力，对于他们来说，数据是极其缺乏的，特别是细分领域的数据，更需要进行深挖。

普通人的数据是比较容易获得的，只要通过简单标注就可以交给机器。普通人的数据就好像是对某个颜色的辨认，不需要很多专业的知识，大部分人都可以随意认出来。

然而，需要深挖的数据不是录入普通人的数据就可以了，还需要该领域专家提供的信息。专家在任何领域中都是比较稀缺的，其数据较少，但是非常专业。对于上述企业来说，想要获得这些信息的难度较大。

3.2.2　生活：AI 步入家居生活速度较慢

作为互联网时代的新兴事物，AI 与其他普通产品有着不同的特性，但是 AI 概念的提出距今已经经过了 60 年，而历经 60 年后，AI 仍然没有实现商业化落地，主要原因之一就是没能走进普通消费者的生活中。

AI 企业对于 AI 的宣传可谓是煞费苦心，但是消费者对 AI 产品的认知度只停留在表面知识上，没有明确的概念，对于 AI 的总体了解更是少之又少。

AI 如果不能走进普通消费者的生活中，那么其发展空间就会缩小很多，其话题再火热，其发展还是很容易变成泡沫的。因此，根据 AI 产品的特性，我们总结了 AI 产品难以走进普通消费者的生活的三个原因，如图 3-3 所示。

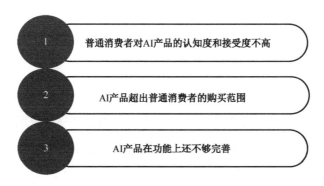

图3-3　AI产品难以走进普通消费者的生活的三个原因

1. 普通消费者对 AI 产品的认知度和接受度不高

咨询企业 Weber Shandwick 曾经发布了一份与 AI 有关的调查报告，该报告面对中国、美国、加拿大、英国和巴西 5 个国家的 2100 名消费者进行调查，主要调查内容是关于 AI 的看法和前景预测。然而，调查结果显示，消费者对 AI 产品的认知度并不高，调查结果如图 3-4 所示。

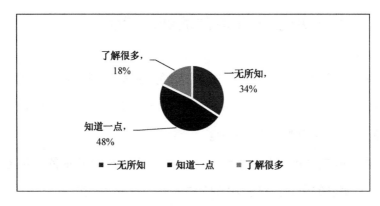

图 3-4　消费者对 AI 产品的认知度

而在 AI 产品的接受度上，就人工服务而言，根据 Pegasystems 的调查，很多消费者都不确定 AI 提供的服务的质量如何，是否能像人工服务一样甚至超越人工服务。

调查显示，在接受调查的受访者中，相信 AI 能够提供与人工客服一样甚至更好的服务的只占了 27%，但是却有 38% 的受访者认为，AI 是不能做得比人工客服还要好的。

而在调查过程中，有 45%的受访者表示，相对于其他的消费服务沟通方式，他们还是更喜欢得到人工客服的服务。

不仅是人工客服，对其他 AI 产品，消费者也不见得乐于接受。"给家里放一个能听懂所有对话的音箱对我来说还是有点瘆人的。"一位受访者在被采访关于智能音箱的相关话题时这样回答道。除此之外，该受访者还表示，他家人或是朋友也从来没有想过要购买 AI 产品。

根据这些调查我们可知，在接受程度上，AI 产品还没有获得广大消费者的普遍认可。但是，虽然只有少数人认可 AI 的服务方式，如果 AI 企业能够利用 AI 为普通消费者提供更好的服务体验，相信消费者对 AI 的认识将会更加深入，接受程度也会随之提高。

2. AI 产品超出普通消费者的购买范围

AI 面临着的尴尬处境，其实与其产品价格居高不下是有着一定的联系的。就目前的市场状况来说，AI 产品宣传面向的主要群体还是高端消费群体，大部分应用也集中于面向各大企业。

AI 能够给广大消费者带来方便快捷的高品质生活，这对于普通消费者来说是十分具有诱惑力的。但是鉴于研发 AI 产品的高成本问题，AI 产品的售价远远超出了大多数普通消费者的购买能力。因此，AI 产品对于普通消费者来说，仍然是不可触及的高端产品。

因为超越了消费者的预期购买范围，AI 产品很难得到普及化应用，所以 AI 产品想要被消费者普遍接受，实现价格平民化是不可或缺的。但是这对于 AI 目前的发展阶段来说，还需要做出很大的努力。

3. AI 产品在功能上还不够完善

任何产品想要得到消费者的认可，其作用必须要符合消费者的需求。同理，AI 产品要根据消费者的真正需求进行设计，进而为消费者提供完善的服务，这才是消费者愿意花钱购买的真正动力。

然而，通过对目前市场上的 AI 产品进行调查，大家会发现 AI 产品的功能强大得令人惊叹，但仔细研究后会发现基本都是华而不实的功能，于是 AI 产品就成了"叫好不卖座"的一大代表产品。

事实上，虽然 AI 产品能够给消费者带来许多服务，但是对于普通消费者而言，他们还是比较关心 AI 产品能够提供哪些比较实用的功能，而 AI 产品超前的控制功能并不能让普通消费者感到满意。总之，一般对 AI 产品有需求的用户还是会首先考虑 AI 产品的实用性，而这是 AI 产品目前不能提供给消费者的。

近两年来，AI 在全世界风靡，在中国的发展也取得了不少成就。但是，AI 的产品之一智能音箱在中国的售卖情况却不容乐观，甚至大多数市场分析企业都不愿意去统计智能音箱的销量。智能音箱售卖较少的原因有很多，比较重要的一个就是功能不够完善。

智能音箱身为消费者数字生活的中心，语音识别能力相对来说还较差，因此消费者接受度也无法提升。针对这一点，Gartner 分析师特雷西-蔡也曾表示："中文自然语言的理解与反馈现在还不成熟，因此人机对话还较为蹩脚。"

除此之外，智能音箱的主要消费群体是年轻用户，但是主要消费场景却是在家中。如今的年轻群体长时间在企业工作，假日休息也更倾向于外出娱乐，在家中的停留时间比较短，从而降低了对智能音箱的需求度。

尽管 AI 产品因为诸多因素在目前很难走进普通消费者的生活中，但不可否认的是，AI 产品的价值不可替代，发展前景巨大，甚至具备着影响时代发展的力量。

从某些角度来看，AI 更像是社会发展和现代生活的证明。等到 AI 实现商业化规模落地，能够走进普通消费者的生活中，消费者就能发现 AI 所提供的服务是多么不可替代的。

3.2.3　伦理：AI 威胁论，AI 将引发大量失业

从 AI 出现一直到现在，已经获得了非常迅猛的发展，与其相关的各种产品和新闻层出不穷，并对人们的日常生活产生了极为深刻影响。之前横扫整个围棋圈的 AlphaGo，就将 AI 的强大力量展现得淋漓尽致。

不仅如此，人们也逐渐意识到，AI 落地正在成为现实。然而，与之一同而来的担忧也必须得到正视。甚至，霍金、马斯克等权威人士也开始提醒人们要提起对 AI 的高度警惕。

在 AI 带来的所有担忧中，最具代表性的是 AI 是否会引发大量失业。对此，麻省理工学院媒体实验室负责人伊藤穰一说道："宏观角度来看，我们无法否认人们会因'新技术总会导致人们失业'而恐慌，但随着新技术的发展，某些领域又会诞生新的工作。

主导 AI 研发的各大科技巨头，如果能为人们树立一种正确的态度，驱散人们心中对 AI 的恐惧，也将会是一大利好。毕竟人们对 AI 的恐惧，绝大部分来自对 AI 的不解。

要消除恐惧，我们需要在两个方面努力：其一是消除人们心中情绪化、非理性的恐慌心理；其二则是理性解决问题。例如，我们必须对当前的教育体系以及职业资格认证等体系进行改革，这取决于未来机器发展的速度会很快。"

伊藤穰一的观点确实有一定的道理，但是，我们需要努力的方面并不只有他提到的那两个，还有更加重要的是将社会集体意识唤醒以迎接 AI 时代的到来。如今时代变革的速度比之前明显加快，甚至已经达到了我们无法跟上的速度。

随着 AI 的不断发展，一些烦琐、重体力、无创意的工作也会被逐渐代替，例如之前提到的打扫、配送快递、解决客户问题，等等。另外，一些 AI 创业企业正在对人脸识别进行深入研究，只要研究成功，该类技术就可以辨识约 30 万张人脸，而这样的数

量级是人类很难或者根本不可能达到的。

在别的一些领域，AI 的确缺乏处理人际和人机关系的能力，医疗领域就是其中最具代表性的一个，虽然涉及影像识别的医疗岗位很可能会被 AI 取代，但那仅仅是非常小的一部分，像问诊、咨询等需要人际能力的工作还是应该由人类来做的。

从目前的情况来看，人类亟待完成的重大任务主要有以下两项：

1. 认真思考怎样调配那些被 AI 替代的工作者；

2. 对教育进行改革，现在，必须更好地教育后代，让他们分析出哪些职业不容易被 AI 取代，而不要被目前看似光鲜亮丽的职业所"迷惑"。

从某种意义上讲，AI 带来的并不是失业，而是更加完美的工作体验。未来，工作不能只由人类完成，也不能只由 AI 完成，必须由二者联合起来共同完成。因此，对于 AI 时代的到来，我们不需要感到担忧和恐惧。

在这种情况下，我们所应该做的是，尽早了解时代变革的规律，厘清 AI 与人类之间的关系，并在此基础上探索出更加合适的工作模式。

3.3 AI 商业场景落地面面观

在技术日新月异的今天，只有让 AI 迅速完成商业落地，我们的生活才会更加智能，更加美好。

例如，在出行领域，AI 催生出了自动驾驶，人们的出行将会更加智能化；在娱乐领域，AI 掀起玩具领域新风向；在购物领域，AI 又引领了新零售的浪潮；在教育领域，AI 又带来了种种的变革，因材施教逐渐成为可能；在金融方面，AI 让银行业务更便捷；在物流领域，AI 帮助快递行业高效率运作；在生产领域，AI 又掀起了智能制造的浪潮，引领人类社会步入工业 4.0 时代；在情感方面，AI 让人类精神不再空虚，具备介绍 AI 商业场景落地案例如下。

3.3.1　AI 试衣间：足不出户，轻松试衣

AI 时代，虚拟试衣技术成为可能。虚拟试衣就是用户不用脱去身上衣服，就能够达到变装查看试衣效果的一种高科技技术。

虚拟试衣的载体是虚拟试衣间。虚拟试衣间一般设有魔镜系统。站在魔镜系统前，用户可以轻松实现虚拟试衣。虚拟试衣魔镜系统有四大功能，如图 3-5 所示。

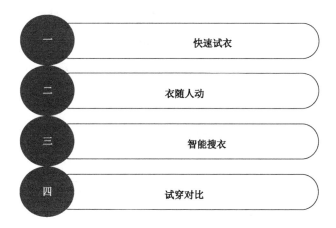

图 3-5　虚拟试衣魔镜系统的四大功能

功能一：快速试衣

借助科技，一切都是如此的神奇。顾客站在魔镜系统前，无需触屏，可以凌空对魔镜系统内的衣服进行操作。

在智能系统的超强感知能力下，人们可以与魔镜高效互动，迅速完成试衣。试衣再也不必反复地脱衣服再穿衣服，一切都能够在几秒中迅速解决。人们的试衣效率就会大大提升。

功能二：衣随人动

魔镜系统有强大的照片合成功能。顾客站在魔镜系统前，魔镜能够立即将衣服穿在用户身上的效果展示在大屏幕上。而顾客就能够立即直观地看出衣服是否合适，而且魔

镜系统会 360° 无死角地向用户展示试衣效果。这样用户就能够感受到前所未有的购物快感。

功能三：智能搜衣

顾客站在魔镜系统前，只需挥一挥手，就能够自由地切换不同的服装，之后，魔镜系统会迅速展示穿戴好的效果。这种智能快速搜衣的方法，能够大幅提升换衣效率，也能够让顾客有更多的思考和体验。

功能四：试穿对比

不同的衣服会有不同的效果。但是顾客往往优先记住最近试穿的衣服，而会较快忘记之前试穿的衣服。基于这一特点，魔镜系统会自动保存穿戴好后的所有高清图片。当顾客难以抉择时，它会展示出最好看的几张试衣图片。通过效果对比，以供顾客做出最好的选择。

另外，试穿图片还能够快速进行好友分享，这就大幅增加了客户购物的乐趣。

这里以服装品牌丹比奴的虚拟试衣间为例进行详细的说明。丹比奴以"设计高品位包袋，提供高品质服务"为宗旨，成为一流的服装品牌。在 AI 时代，丹比奴在保证服装质量的前提下，迅速抓住 AI 的浪潮，建立了自己的虚拟试衣间，让顾客感受到试衣的快乐。

丹比奴品牌店认为，虚拟试衣间的设置不仅仅是一味地跟潮流、跟科技。虚拟试衣间的设置根本上是为了适应"消费新升级"的时代要求。如今，人们的消费更加注重个性化、娱乐化、科技化与高质量化。如果不能满足顾客的需求，顾客会很快把我们抛弃。丹比奴深刻地了解这一形势，为了品牌更远的未来和更好的发展，丹比奴迅速做出战略性调整，利用 AI 与 VR 技术，设置与众不同的 360° 虚拟试衣间。

顾客在丹比奴虚拟试衣间内可以快速试衣，享受 AI 带来的试衣新鲜感。另外，丹比奴了解到 90 后已经逐渐成为消费的主力军，也在虚拟试衣间内放置各类时尚的服装杂志，在魔镜系统的大屏幕上展示最新的穿搭攻略或者时尚新闻。这样 90 后群体就能够享受到前所未有的体验感，能够感受到在丹比奴购物的乐趣，逐渐成为丹比奴的忠实粉丝。

　　虚拟试衣间不仅能够让顾客感受到 AI 的科技魅力，还能够真正地以顾客为中心，让顾客感受到 AI 试衣的乐趣。对于线下服装店来讲，这是一个新机遇。服装店要立于风口，利用 AI 建立自己的虚拟试衣间，引来更多的顾客，获得更多的盈利。

3.3.2　智能家居：家居因 AI 更舒适

　　十年前，智能家居还名不见经传，许多人都认为这只是科幻读物中的奇妙想象。现如今，人们对智能家居的了解已经比较深刻，对于物联网、大数据、云计算等词汇也是耳熟能详。

　　近年来，随着算法的不断提升，人机之间的基本语音交互已经不是难题。在 AI 迅速发展的今天，美国亚马逊的 Echo 音箱、中国阿里巴巴的天猫精灵也已经成了真正的爆款，这些智能音箱也已经成为智能家居不可或缺的一部分。

　　直到现在，智能家居产品的销售依然保持高速增长，并逐渐走入寻常百姓的家里。在智能家居产品"落户"的过程中，越来越多的居民开始爱上了这一人性化、智能化的产品，其产业价值也被进一步释放。

　　可以预见的是，未来，智能家居产品将会有更加广阔的消费市场。虽然智能家居处于蓝海阶段，但是随着时代的发展，它必然会步入发展的红海。如果在蓝海阶段能迅速抢占市场先机，那么才会在以后的发展中风生水起。

　　抓住智能家居蓝海阶段的诀窍有三，如图 3-6 所示。

1. 研发专利技术，打造完美体验，实现长期盈利

　　从本质上来讲，智能家居的突破口就在于智能语音交互技术的发展与应用。如果没有语音交互的进步，那么人工智能家居市场就不会如此火热。

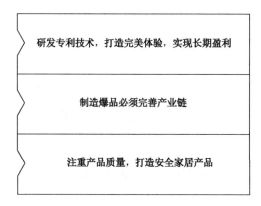

图 3-6　抓住智能家居蓝海市场的三诀窍

智能家居之所以没有大热，就是过于浮夸。许多智能家居企业打着"智能"的口号，生产的却是"智障"产品。他们只会进行前沿技术的宣传，而没有真正的技术实力，由此导致消费市场疲软。另外，一些智能家居产品的适用人群范围小，也会导致市场疲软。

例如，用智能手机控制电视或电脑。这样的智能产品还是基于"触屏"的一种交互。只有会操作的人才懂得如何运用，很多老年人根本就不会操作。总之这样的智能交互产品是不具有普适性的。

当出现了语音交互技术，任何人都可以通过语音来操纵家里的家居产品。完全不需要具备多高的操作能力。只要你会说话，那么你就能操纵房间里的一切。

例如，我们可以对我们的智能音箱讲"把我的电脑打开"，它就能迅速打开电脑；当我们对它讲"打开空调、订一份外卖"，它也能够智能化地完成；当我们对它讲"拉开窗帘使屋内的光量达到最适宜的效果"，它也能够合理地分析，然后做出最令我们舒适的举措。

但是，我们不得不承认，如今的语音交互技术还是能力有限。另外，由于我们的汉语语言存在着方言，或者一句话有多种意思的情况，有时我们对它讲一句方言或俗语，也许它就"傻眼"了。

对于目前存在的问题，只要通过技术的研发去努力解决，打造更良好的服务体验，那么一定会受到消费者的追捧，产品自然而然会火爆。

2. 制造爆品必须完善产业链

未来商业会非常注重产业链的完善，因为只有这样才会有更强的竞争力。智能家居的产业链范围很广，例如，上游的芯片制作、软件制作，中下游的平台提供商、服务提供商等。生产好的智能家居产品，必须结合上、中、下游的名誉厂家，做到强强联合，才可以拥有更高的性价比，才会更受广大消费者欢迎。

3. 注重产品质量，打造安全家居产品

产品安全问题必须受到高度重视，许多企业把产品不能盈利归结到时机未到，而不是考虑产品质量的影响。如果企业在这方面没有强有力的保障，那么消费者必然不会接受。

最著名的产品安全问题案例，就是三星 NOTE 7 手机的爆炸事件。三星作为智能手机的高端品牌，引领品牌，也因为这样的事件遭到消费者的强烈不满。这就给我们生产商一个启示：即使品牌再好，技术再牛，如果不重视指令，不注重产品安全，也一样会被消费者抛弃。

智能家居产品的制作应该更加注重产品的安全性，特别是人身安全和财产安全。例如，智能门锁的设计一定要有唯一的针对性，必须要本人刷脸，才能解开门锁，而不是一个陌生人盗用照片就能把门锁打开的。如果出现这样的事故，谁还会为智能家居买单呢？

综上，目前语音交互技术的发展已经成为智能家居发展的一个美好的窗口。AI 的进步还将会为智能家居的发展注入更多的活力源泉。在未来，我们的语音交互技术以及人脸识别技术将会进一步完善，会逐渐应用于我们的智能家居产品。

同时更多的消费者将会慕 AI 之名前来体验我们的智能家居产品，这样智能家居就会有更好的发展前景。

3.3.3　超市升级：无人超市逐渐普及

在 AI 时代，随着移动互联网靠技术的提升，物联网的逐渐先进化，人脸识别技术的突破以及第三方支付的日益便捷化，无人超市也逐渐出现在了大众的视野内，走到了时代的风口浪尖，引起了我们的关注。

无人超市准确来讲是无售货员超市，而并非没有任何人参与货物摆放的超市。之前，我们的无人超市的发展还处于兴起阶段，并非全方位的无人超市，所以只能做到无售货员结账、无推销员介绍商品。

在现阶段，消费者可以自由进入超市，随拿随走，无人超市会立即会通过智能手段让消费者进行价格支付。这大大节省了购物的时间，可谓方便快捷。

早前，阿里巴巴在"淘宝造物节"时期，推出了无人零售快闪店，在社会上引起广泛的关注。在这之后，项目负责人应宏曾宣布："计划今年（2017 年）年底完成技术升级，并在杭州落成全球第一家真正意义上的无人零售实体店，向广大消费者长期开放。"

无人零售超市，是新时代、新技术下的新产物。与原来的实体零售相比，无人超市具有显著的优势，具体如下：

1．无人超市不设导购员、收银员等岗位，大大节省了人工成本。

2．无人超市的环境优雅、紧密，顾客能充分感受到无干扰的、自由化的购物体验。

3．无人超市无需排队付账，随拿随走的方式，使购物越来越便捷，越来越轻松。

4．无人超市的销售模式在机械化、自动化、智能化的程度上也是逐渐增高的，成为时代的新潮流。

这里，我们以阿里巴巴的淘咖啡为例，具体说明整个无人零售的流程。

淘咖啡整体占地面积达 200 多平米，是新型的线下实体店，至少能够容纳 50 个消费者。

淘咖啡科技感十足，具备深度学习能力，拥有生物特征智能感知系统。消费者在不看镜头的情况下，也能够被轻松智能地识别。通过配合蚂蚁金服提供的超强的物联网（IoT）支付方案，能够为用户创造更完美的智能购物体验。

消费者到阿里淘咖啡买东西的程序很简单，科技化也十足。具体步骤如下：

当我们第一次进店时，只需打开手机端淘宝，扫码后即可获得电子入场码，之后就可以进行购物。

在淘咖啡购物和我们日常的购物并没有太大区别，也可以不断挑选货物、更换货物，直到我们满意为止。但是在离开店门之前，我们必须经过一道结算门，如图 3-7 所示。

图 3-7　淘咖啡结算门

淘咖啡结算门由两道门组成，第一道门能够感应到我们的离店需求，会智能自动开启；几秒钟后，第二道门就会开启。在这短短的几秒钟内，结算门就已经通过各种技术的综合作用，神奇地完成相应的扣款。

当然，结算门旁边的智能机器会给我们提示，它会说："您好，您的此次购物，共扣款 XX 元。欢迎您下次光临。"

无人零售的优势还不止于此，无人零售店内的目标监测系统和视频跟踪系统也能够达到智能销售的目的。例如，当我们拿到商品时，会不由自主地展示出相应的面部表情，另外也会展现出不同的肢体动作。

也许我们还未在意，但是智能扫描系统却能够捕捉到我们的所有小动作，从而了解到我们的消费习惯或者我们喜欢的产品。之后，它就会指导商家对店内的货品进行更合理地调整。

当积累了足够量的大数据信息后，这些技术能够帮助无人超市进行更精确的产品推送，会使无人超市整体的服务效果更好。

当然，无人零售也不是万能的，也会存在自身缺陷。特别是在用户体验这一领域，与更优秀的销售人员相比，它确实会显得没有太多的人情味。

针对这一现象，陈力曾经提到："对于未来零售业的想象，确实是要考虑用户体验和用户感受的问题。AI 再智能，也很难做到完全了解人性以及对人的心理的洞察和体恤。"

综上所述，无人超市在刚开发的初期，确实会面临一些技术瓶颈，可能会出现一些失误。与优秀的员工相比，无人超市则会显得缺乏人情味。

但是整体上是瑕不掩瑜。相信随着算法技术的提升，大数据信息的不断完善，无人超市的服务会愈发智能化、人性化。将来，无人超市也将由一枝独秀逐渐遍地开花。

3.3.4　驾驶升级：无人驾驶逐渐成熟

1925 年，美国陆军电子工程师朗西斯·胡迪纳（Francis P. Houdina）制造出了历史上第一辆无人驾驶汽车，并将其命名为 Linrrican Wonder。他通过无线电波来控制 Linrrican Wonder 的方向盘、离合器和制动器等部件，实现无人驾驶。

这一次的实验过程虽然与大家想象的结果差距甚大，但是这仍然算是无人驾驶汽车的雏形。

自动驾驶行业能否突破瓶颈，与这些 AI 的发展是息息相关的，这可以通过自动驾驶的原理分析，自动驾驶的技术原理如图 3-8 所示。

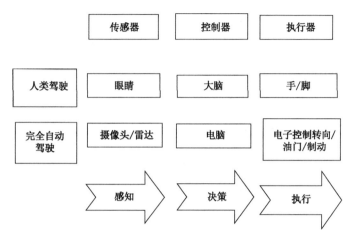

图 3-8　自动驾驶的技术原理

AI 本身需要与应用场景实现深度结合，才能最大限度地实现商业落地。而根据无人驾驶所需要的技术上的创新与突破，我们可以看出它与 AI 行业的关联度非常高。

因此，无人驾驶可以说是 AI 实现商业落地的最大场景之一，也是 AI 兴起后无人驾驶备受关注的主要原因。下面我们通过分析部分技术，看看 AI 是如何在自动驾驶场景中使用的。

1. 深度学习

英伟达（Nvidia）与博世（Bosch）是亲密无间的伙伴关系，希望能够携手提高自动驾驶汽车的功能和质量。

博世计划建造一台可以在自动驾驶汽车里工作的超级计算机，而英伟达将为这一项目提供深度学习技术配合，二者的合作让 AI 深度学习的进行得到进一步的发展，从而促进自动驾驶的实现。

2. 认知能力

在未来的 AI 时代，大家不仅会看到自动驾驶的小型车辆，还会看到运载各种货物的自动驾驶的大卡车。这样的情景都是要通过观察人类的行为模式、分析相关数据而形成的认知能力来做到的。

自动驾驶的认知能力非常重要，应该要做到像人类解读在现实生活中的所有情况一样，这就需要 AI 深入理解非结构化数据来提升其认知能力。非结构化数据是认知能力的一项重要因素，在很大程度上决定了自动驾驶应对自然情况的能力。

而在认知能力上，宝马（BMW）已经和国际商业机器公司（IBM）合作，通过 IBM 的 Big Blue yonder 项目的 Watson AI，帮助汽车之间实现通信，从而增强汽车的认知能力，以便于及时处理动态运行状况。

但是，就目前的 AI 发展水平来看，想要彻底实现自动驾驶，还需要走很长的一段路。自动驾驶系统在很多方面都存在不足，需要针对这些问题不断进行完善，下面我们可以看一下自动驾驶目前所面临的问题。

在技术上，无人驾驶的感知和算法仍然不够完善，离实现真正的无人驾驶差距还很大。众所周知，无人驾驶的应用场景是完全开放的环境，必须要保证 100% 的安全才能真正运用。但是就无人驾驶目前的发展技术来说，对于天气、光线或者是突发路况等问题，无人驾驶的抗变换性仍然不足。

在成本上，无人驾驶的核心传感器，特别是以激光雷达为代表类型，成本高得让不少企业望而却步，从而阻碍了无人驾驶商业规模化生产。

在法律和道德上，无论是在立法过程还是交通道德方面，对无人驾驶都还有很多需要考虑的因素。例如，无人驾驶与有人驾驶发生了交通事故，那么责任该落到谁身上？保险赔付如何解决？又或者是在发生意外时，无人驾驶系统应该保护车主还是行人？

上述问题仍然是 AI 实现自主驾驶的重要阻碍，但是随着 AI 的发展，这些问题也将被逐一解决。

通过 AI，大家能够看到自主驾驶这种新型的汽车驾驶方式，而且还是在各种情况下都像一个真正的司机一样行驶。这种新型的驾驶方式也会随着 AI 的渐渐成熟，从而成为新的主流驾驶方式，让 AI 商业落地得更为彻底。

3.3.5　快递升级：快速送货上门

苏宁力推物流云仓、菜鸟联盟进行无人机群组跨海快递飞行，京东在昆山启用无人分拣中心……AI 在快递行业中的商业落地越来越快，应用越来越多，这有助于降低人力成本，提高运输效率。

在传统的快递行业中，有很多难以突破的瓶颈，而 AI 则可以改善这一现象。以装卸搬运而言，装卸搬运是快递行业中最基本的操作之一，商品无论是在运输、储存、包装还是配送等过程中，都需要进行装卸搬运，如果使用基于 AI 的机器人则可以有效提高这些过程的效率。

例如，苏宁南京云仓具备 AS/RS 自动托盘堆垛设备，这一设备可以在无人操作的情况下自动实现整托货物的上下架，相比于传统的高位叉车，其工作效率整整提高了 4 至 5 倍。

对于 AS/RS 自动托盘堆垛设备，苏宁物流研究院副院长孟雷平表示："机械化设备的投入，大大地减少了人力需求，降低了人力成本和管理难度。"相信在不久的将来，AI 可以大幅度减少装卸搬运的成本。

除了苏宁以外，顺丰也与腾讯云进行了合作，想要通过 AI 识别人工手写汉字。毕竟在这之前，顺丰雇用的输单员高达 8000 名，全都用来输入手写运单的信息。

在 2018 年的"双十一"期间，菜鸟联盟将第一亿个包裹送到消费者手中仅花费了不到 3 天的时间，如此高效的工作效率，也是得益于 AI 的加持。

以上例子证明，快递行业得到快速发展，AI 功不可没。一方面，AI 通过对各类数据进行分析，可以不断优化运输流程；另一方面，AI 使运输效率得到大大提升。

就目前的 AI 而言，可以应用在快递行业方向的大致有以下三个，如图 3-9 所示。

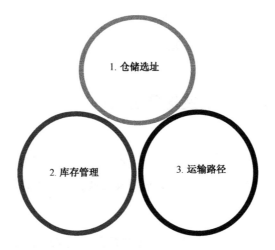

图 3-9　AI 可以应用在快递行业的三个方向

1. 仓储选址

AI 可以根据仓储选址所需要考虑的因素，包括建筑成本、运输经济性、三方（顾客、供应商、生产商）地理位置等，从而进行深度学习，为快递的仓储选址提供最优化的解决方案。

AI 在仓储选址中可以减少约束条件，让选址更适合仓储运作，从而提高物流效率，降低企业成本。

2. 库存管理

AI 最重要同时也是人们最熟悉的功能就是可以通过分析大量数据，进行深度学习，进一步预测未来数据发展的方向。

库存管理是 AI 较早在快递行业中应用的一个领域，AI 可以对用户的历史消费记录进行分析，对库存进行动态管理，从而保证快递能够有序地进行流通。这一应用不仅能够提升用户满意度，还能减少快递企业的成本浪费现象的发生。

AI 应用在快递的库存管理上，可以有效降低客户等待的时间，同时物流相关功能也会分开运行，从而保证高质量的生产服务，快递的整体运作效率将会得到有效提高。

3. 运输路径

AI 在快递行业的投递分拣、智能快递柜等方面都进行了普遍使用，在很大程度上提高了快递的运作效率。

AI 在这些方面的运用最大的优势就是降低了对人力的依赖，而在快递运输过程上，随着无人驾驶技术的完善与发展，人力成本将会大幅度降低，而快递运输也会更加快捷和高效。

与此同时，AI 还可以实时跟踪运输过程中所产生的信息，从而根据信息动态调整运输路径，让快递配送时间更加精准化。

AI 能够有效提升快递行业的运作效率，这是无需争辩的事实。AI 除了在快递运输阶段可以取得良好的效果，将来还有机会在快递售后方面大展身手，从而提高解决用户问题的工作效率。

3.3.6　工业升级：工业机器人完成高强度工作

在工业上，已有许多人工操作的机械手臂。这些机械手臂有些可以用来提取重物，有些可以用来进行微观的精细化操作。由于人工操作难免存在失误，所以这些机械手臂也会带来一些产品安全和质量上的隐患。人工智能和机械手臂结合形成智能机械手臂后，可实现自动智能操作，减少人工操作带来的事故隐患。

工业智能机械手臂在煤矿行业的应用具有非常重要的意义，可代替煤矿工人完成复杂而危险的地下煤矿开采工作。在煤矿行业，一方面由于行业从业人员的质量良莠不齐，生产管理上存在诸多问题，工人下矿开采煤矿时存在很多安全隐患。使用智能工业机械手臂，许多矿工作业无需人工操作，智能机械手臂可以完成的作业如图 3-10 所示，人们下矿的频率降低，安全隐患大大减少。

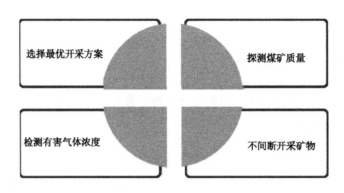

图 3-10　智能机械手臂可完成的煤矿作业

另一方面由于智能机械臂无需考虑生存环境和休息问题，这也给煤矿业带来更大的利润。

除了煤矿等自然条件危险的工业场景可以利用智能机械手臂，在工厂中进行的生产操作也可以使用智能机械手臂。

广东省东莞松山湖长盈精密技术有限企业工厂就率先实现用智能机械手臂代替人工作业的无人工厂的目标。

在没有使用智能机械手时，人工操作机床加工产品经常会出现质量不过关、员工不规范操作导致受伤等问题，再加上"用工荒"现象越来越严重，工厂的生产效率令人担忧。

"在整个东莞'机器换人'战略大力实施的背景下，我们下决心成立智能无人工厂，通过硬件机械手来取代人工，再建立一个高度智能化的软件控制系统，进行网络远程操控，将大幅度提高工厂的工作效率和产品质量。"该企业常务副总经理任项生说。

智能机械手臂不仅可以完成既定的任务，还可以像人类一样对不同的环境作出相应的调整，从而解决绝大部分生产过程中出现的问题。

工业智能机械手臂大大降低工业对人力的要求，同时稳定提升产品质量，能够为工厂带来更高的收益。

3.3.7　金融升级：处理金融业务更高效

　　金融行业通过互联网而不断得到发展，但是互联网服务的发展打破了银行的垄断局面，人们通过互联网获得更好的金融服务的同时，银行的利润空间正在不断缩小，甚至严重威胁了传统银行的发展。因此，银行迫切需要从传统行业转型升级至科技行业，推出智能化的业务产品，AI 就是银行业转型的渠道之一。

　　AI 的力量在银行业不可阻挡，AI 在银行领域可以实现商业落地的主要原因有四个，如图 3-11 所示。

一	银行资金雄厚，可以大量投入 AI 的研发
二	银行客户数据量大且精准，为 AI 的数据分析奠定了基础
三	银行人工、时间等成本较高，AI 可以有效提高银行效率
四	银行竞争激烈，并且不断遭受互联网服务的冲击

图 3-11　AI 在银行领域可以实现商业落地的四个主要原因

　　在银行领域中，目前 AI 主要应用于降低成本和合理规划管理两个方面，比如让机器人替代人完成一些烦琐工作，不仅能降低成本，还能提高客户体验。而且 AI 还可以帮助银行实施反欺诈等风险防范工作。

　　在 AI 应用方面，中国平安基于先进的 AI，在信用卡、证券、理财、借款等方面都推出了 AI 服务，利用算法、数据、人脸识别等科技手段，为银行客户提供智能化服务。

　　智能投顾服务是平安口袋银行推出的一项 AI 服务，普通投资者也可以使用。该服务运用 AI 数据和算法，还采取了 Black—Litterman 模型以及量化资产配置方法，能够精准获取客户的风险偏好，并为客户制订最适合个人的投资方案。

方案从实行开始，所有的运行都会受到系统的实时监控，并根据监控信息对资产配置做出动态调整，有利于提高客户的投资收益。除此之外，智能投顾服务还可以帮助客户将产品进行组合，并提供一键下单服务。

我国的金融机构在反欺诈功能方面还有很多的不足，比如说遇到欺诈事件时，对于首笔欺诈交易，金融机构并没有很好的解决方法，只能从第二笔开始防堵。如果首笔欺诈交易发生后，诈骗方还会立即进行高频盗刷交易，金融机构也不能及时阻止这一事件的发生。针对这种局面，中国平安成立的风险控制团队研发出了智能反欺诈系统。

智能反欺诈系统是根据 AI 建立用户行为画像，从而得出数据侦测模型，与高效的决策引擎相结合，从而实现实时反欺诈监控，若有问题将会以毫秒级的速度做出决策响应，有效地防堵了首笔欺诈交易的发生。

截至 2019 年，中国平安的智能反欺诈系统至少对超 9 亿笔金融交易进行监控并做出决策，及时减少了广大用户的经济损失，最大限度上保证了用户的经济安全。

在证券上，中国平安推出了 AI 慧炒股服务，即将 AI 应用到专业投服的价值判断逻辑中。

AI 慧炒股基于 AI 的深度学习构建和实战训练，根据客户的资产配置提供智能方案。不仅如此，AI 慧炒股还可以成为客户的智能辅助决策工具，对股票进行具体分析，为客户在持仓、个股诊断和换股等方面的投资决策提供参考依据。

通过 AI 慧炒股服务，客户在炒股方面可以享受到个性化服务，股票投资难度降低，有利于客户获取更多的收入。

平安财富宝是一款线上私人财富管理平台，用户群主要为中国平安的高端客户。

智能财富管理服务是平安财富宝的一项 AI 服务，主要运用了数据、算法、深度学习、特征识别等技术，同时深度结合 KYC 服务（Know your customer，深度了解你的客户）和营销模型，开发远程服务销售系统，形成"AI＋金融模式"服务。

智能财富管理能够有效识别客户的资产及行为,给客户提供个性化的专业资产配置服务。KYC 服务是中国平安陆金所的一大亮点服务，这项服务围绕 KYP（Know Your Product，深度了解你的产品）和 KYC 进行升级，从而对产品做出服务评级和对客户进行精准画像，从而加强产品与客户的匹配程度。

KYC 服务成效显著，截至 2017 年 9 月，陆金所通过使用这项 AI 服务提示或拦截了超过 121 万人和 226 万笔交易的风险超配，涉及金额高达 3700 亿元人民币。

人脸识别是 AI 未来实现商业落地的重要技术，如今在各大场景中已经得到了基本的应用。平安惠普加强了在人脸识别技术上的投入，如今对人脸识别的准确率高达 99.8%。

平安惠普将人脸识别技术应用到借款服务中,用户只要在借款流程中打开手机摄像头，系统就会对用户进行抓拍并检测身份，实现远程验证，解决了传统借款流程必须身份核实的这一痛点。

平安惠普通过人脸识别技术形成智能审批模型，能够高效、多维地完成合理授信审批，促进小微企业快速融资、借贷市场有效供给的发展。

银行实现科技创新，从而提升服务能力，为客户带来更精准、更便捷的服务，提升客服体验，这些都是需要 AI 的加持，对客户需求进行洞察才能完成的。AI 在银行业实现商业落地，有利于实现 AI 让生活更简单的目标。

3.3.8　教育升级：推进教育变革

在北京人大附中发起的一场 AI 革命中，课堂教学、考试、选课、学生生涯规划等各大方面都通过 AI 完成，从而展示出 AI 在教育领域的巨大潜能。据估计，在未来 5 到 10 年，AI 或成为教育领域变革的重要方向之一。

就现阶段而言，AI 在教育领域的应用主要在图像、声音、文字、自适应能力四个方面。

1. 图像

在教育领域中，图像识别主要应用于拍照搜题。在传统的 K12 教育中，学生被动看视频和做题很难有学习动力，而拍照搜题是学生带着问题主动进行学习，因此拍照搜题类的应用软件是教育行业中活跃度最高的。

通过 AI，未来 AI 可以在图像上实现以下三点内容。

（1）通过 AI 图像打通纸质书籍

纸质书籍仍然是我国承载知识的主要形式，然而随着教育形式的不断丰富，纸质书籍无论是在互动性上还是展现的知识方面，都与现代教育形成了极大的反差。

AI 可以增强图像识别能力，当这一技术成熟时，可以为学生与课本打造一个全新的交流渠道。让语文课本的经典文章展现出成千上万人的批注，让数学课本变成 3D 游戏，让英语课本可以直接纠正学生朗读的错误……通过 AI 对图像识别技术的增强，纸质书籍再次获得新生，与现代教育实现同步发展。

（2）通过 AI 图像完成"所见即所学"

微软识花是微软推出的一款智能花卉识别软件，虽然在识别技术上不够成熟，交互体验和识别率还有很大的进步空间，但是它的出现恰恰给人们带来了一种新的学习方式——所见即所学。

同样的道理，如果学生学习知识不再局限于教室，在任何场景都能随时了解某一遇到的新知识，这无疑是一种良好的教育方法。

在未来，通过 AI，图像识别准确率必然大大提高，并且能够迅速识别某一物体。如此一来，学生对某一单词或者概念的认识就不仅仅停留在理论上，而是能够深入了解这一概念的存在场景。

（3）通过 AI 图像完成动作捕捉

如今课外教学活动的形式越来越多，家长也越来越注重学生的全身心整体发展，从而对乐器、舞蹈、绘画等才艺方面的学习越来越上心。随着各方面技术的成熟，才艺方面的课外教学活动不仅仅拘束于线下，线上不少平台也展开了才艺教导课程。

然而，因为在线教导老师不能及时反馈学生的学习效果，很多在线教育都无法继续发展。但 AI 可以加强视觉动作捕捉，教导老师在线上也能及时抓住学生的痛点并进行指导，从而提升学生的才艺学习水平。

2. 声音

AI 在声音上的最大应用场景就是英语口语学习。随着英语的普及，具备良好的英语口语已经成为不少名校的录取标准之一。

如今市场上不少关于英语口语的学习应用都是通过某一句封闭性的语音从而判断准确性，AI 的完善可以让软件与学生之间实现完全开放式的交流，从而提高学生英语口语发音的准确率。

除此之外，AI 还可以应用在声乐教学上，但是这些都要随着 AI 的成熟程度才能实现。

3. 文字

AI 在文字上的最大应用就是如何将课本上固定的知识生动地传达给学生，这项应用对于 AI 来说非常具有挑战性。AI 将知识点变成与学生的对话，至少要具备以下四种能力。

（1）AI 要具备自动解题能力，根据题目自动解析出答案。

（2）作业批改是教师日常教学活动的重要内容之一，通过批改作业可以得知学生对知识点的掌握程度，因此，AI 要具备智能批改作用的能力。

（3）在教学过程中，教师不可能对每一个知识点都进行解说，学生想要了解这些知识点，只能学生主动提问教师随之做出解答。同理，AI 也要具备智能答疑能力，随时为学生做出解答。

（4）教师与学生之间的互动性是完成教学任务的重要桥梁，教师通过互动了解学生的学习状态，还可以根据学生状态给出相应的回应。AI 应用在教学领域也需要具备自适应对话能力，能够与学生进行全程畅通的开放式交流才能更好地了解学生的状态。

4. 自适应能力

目前市面上很多 AI 产品都是采用 IRT 算法，根据学生做题的对或者错，从而评定学生的学习能力。不过，同样都是判断一道题，老师可以根据学生填写的内容判断学生对哪一个知识点掌握得不够全面，而 AI 产品则无法直接进行判断。

因此，AI 要完善 NLP（Neuro-Linguistic Programming，神经语言程序学）或者文字处理能力，提高自适应能力，通过算法得知学生对知识点的真正的掌握程度，从而成为教育领域的主流应用方式，而教育行业现状也随之重新洗牌。

3.3.9　艺术升级：AI 能写诗、会谱曲

如今，AI 已经不再局限于高科技范畴，而是大张旗鼓地进入了各个领域。连人类引以为傲的艺术领域，也开始遭受着 AI 的挑战。在《中国诗词大会》热播的时候，清华大学语音与语言实验中心开发的作诗机器人薇薇顺利通过了图灵测试；AI 音乐制作平台 Amper 制作出了第一张 AI 专辑《I AM AI》。

"春信香深雪，冰肌瘦骨绝。梅花不可知，何处东风约。"这首诗看似与普通诗并没有什么不同，但其实是由机器人薇薇写的。不过如果仅从写诗方面来看的话，机器人薇薇还是略败人类一筹的。

例如，在一次比赛中，评委老师根据格律、流畅度、主题、意境四个因素，分别对薇薇写的诗和人类写的诗进行打分。最终的结果是，薇薇获得了 2.72 分（满分 5 分），以不到 0.5 分的差距惜败给了人类的 3.20 分。但即使如此，也不可以否认薇薇在创作流程和创作效率方面的优势。

　　除了写诗，AI 还会作曲。在美国知名歌手泰琳·萨顿的专辑制作中，有一位名叫 Amper 的制作人。听起来，Amper 似乎就是一位非常普通的制作人，但事实并非如此。在美国，泰琳虽然算不上乐坛新秀，但 Amper 却是彻彻底底的新人。理论上来说，Amper 并不是人类，而是由专业的音乐制作人和技术开发员开发的 AI 音乐制作平台。

　　作为 Amper 的创始人之一，德鲁·西尔弗斯坦曾明确表示，Amper 提供的音乐制作服务具有多种优势，例如，方便快捷、价格合理、不收版权税等。更重要的是，Amper 特别适合制作一些功能性的音乐，具体包括广告音乐、短视频音乐、综艺节目音乐等。

　　如今，Amper 已经获得非常不错的发展，但却并不会完全取代音乐制作人的地位，Amper 的主要作用是为音乐制作人提供一种快捷、低价、没有版权限制的音乐制作方式，以及为越来越多的广告、短视频、综艺节目制作预算内的原创音乐。

　　对此，西尔弗斯坦说："我们的一个核心理念就是，未来的音乐将是由人类和 AI 共同制作的。我们想要以这种合作的方式推进创造力的发展。如果要实现这个目标，我们必须教会 AI 进行真正的创作。"

　　具体来说，如果一位音乐制作人要想在 Amper 上制作音乐，只需要表达自己喜欢的风格、时长、情绪，就可以在不到 10 秒钟的时间内（制作时间会根据音乐时长的不同有所不同），得到一个初始版本，之后，这位音乐制作人就可以在初始版本的基础上进行一些调整，例如，添加某种乐器、转换某个节拍等等。

　　也许，AI 能写诗、能谱曲，仅仅是艺术迈向新时代的第一步，但不可否认的是，未来，随着 AI 的不断发展，人类将和 AI 一起推动艺术的发展和进步。到了那个时候，艺术领域就会呈现出一番与现在截然不同的景象。

第 **4** 章

AI 赋能农业：农产品更生态，农产值倍增

数据显示，预计到 2050 年，全球人口将达到 90 亿，粮食需求必然大幅增长。为满足如此巨大的粮食需求，未来的粮食产量至少要达到现在的两倍。

然而，全球变暖的趋势和城镇化发展带来农村耕地面积的减少，以及一些其他不利因素正制约着粮食产量的上升，那么如何在耕地资源有限的条件下增加粮食产量呢？

AI 与农业结合就是解决办法之一，其实质是在健康、生态、可持续的条件下打造智能农业，让农、林、牧、副、渔统统可持续发展。本章将根据现有的实际案例介绍 AI 助力农业可持续发展的前景，并详细阐述智能农业的三大发展方式。

4.1　AI 赋能，农业可持续发展

对于人类而言，农业面临的问题应该比其他行业更加严重。相关数据显示，在世界范围内，有将近 8 亿人正遭受着饥饿威胁，并且这一数字还在持续增长。

也就是说，如果想消除饥饿威胁，就要想方设法提高粮食产量，让农业获得可持续发展。这件事并不是那么容易做到的，但自从 AI 出现并兴起以后，一切都变得不一样。

4.1.1　AI 辨别病虫害

粮食的产量本就有限，经历病虫害的侵袭更是会导致产量大幅下降。人类历史上有多次因病虫害而造成粮食大幅减产的事件，所以，及时发现和处理农作物的疾病和虫害相当重要。

生物学家戴维·休斯（David Hughes）和作物流行病学家马塞尔·萨拉斯（Marcel Salath）曾运用 AI 的深度学习算法检测粮食的疾病和虫害。他们用计算机测试 5 万多张图片，计算机从中识别出 14 种作物的 26 种疾病，最终的正确率高达 99.35%。研究表明，利用视觉技术，计算机可以通过分析图片的方式及早发现人类肉眼难以发现的疾病虫害。

Prospera（以色列特拉维夫的农业科技企业）就是典型的案例。其利用视觉技术，对收集的图片进行分析，深度学习病虫害的特征，进而了解并报告实际生长中粮食的生长情况。

通过 AI 的预警，农民可以尽早发现并预防病虫害，有助于减少农作物的损失，提高粮食产量。

4.1.2　科学的农事安排：适时灌溉、除草

利用设置在田地里的摄像头和传感器等设备，AI 可以帮助农民收集田间粮食的生长状况以及微气象数据，例如温度、湿度等，从而对粮食进行实时分析。

当发现杂草过多影响粮食正常生长时，系统就会自动提醒农民进行除草；当土壤的湿度低于粮食所需要的湿度时，系统就会自动开启灌溉设置进行浇水，还可以根据网站信息智能查询未来几天的天气状况从而调节灌溉的水量。

Arable 是一家为农民打造智能农业系统的企业，该企业利用一种智能传感器将农

田里的各种信息，例如，粮食的蓄水量、果实的数量等都收集起来。这些信息都是实际的测量值，真实可信，根据这些信息做出的智能化建议更合理，自动化措施的实施也就有科学的支撑。

4.1.3　AI 牛脸识别，准确获得牛群的信息

在畜牧业，比如养牛行业，AI 也有大用途。动物学家研究发现，农场上出现人类时，牛会误以为人类是捕食者，因此会产生紧张的情绪，这会对牛肉、牛奶等一系列农产品质量产生负面影响。利用 AI 管理牛群，就能解决这个问题。

通过智能识别，AI 根据农场中的摄像装置可以准确锁定牛脸及其身体。经过深度学习后，AI 还能分辨牛的情绪状态、进食状态和健康状况等一系列数据，然后告诉养殖者牛群的信息，为养殖者提出建议。养殖者不必出现在农场，这样就不会惊动牛群，但依旧能准确获得牛群的信息。

例如，荷兰人工智能创业企业 Connec Terra 就开展了这方面的工作。该企业的研究者开发出智能奶牛监测系统，利用摄像头跟踪每头奶牛的行踪，经过智能分析后将人工智能的结论和现场摄像一并传回给养殖者作参考。Connec Terra 企业因该系统获得 180 万美元的种子轮投资。

该系统建立在谷歌的开源人工智能平台 Tensor Flow 上，利用智能运动感应器 Fit Bits 获取奶牛的运动数据，以此作为奶牛的健康数据参考。通过对奶牛的日常行为比如行走、站立、躺下和咀嚼等进行深度学习，该系统能够及时发现奶牛的不正常行为。例如，某头牛平常吃三份干草，今天只吃了一份，而且活动量也比以前少，这就会引起系统的预警。

使用该系统，农场的生产效率有明显的提升。微软前雇员亚西尔和该企业的首席执行官霍哈尔说："对于一个典型的荷兰农场来说，使用了 Connec Terra 的农场运营效率提高了 20%到 30%。"

使用 AI 养牛的优势显而易见。一方面养殖者无须浪费太多时间在农场巡视就可以获知每头牛的位置和健康状况；另一方面牛群不用担心有人类出现，可以轻松地在农场生活。可以说，AI 既减轻养殖者的工作，又极大地提高养殖产品的质量。

AI 在畜牧业的应用减轻了人类的工作负担，也为打造智能农场提供了极大的帮助，并为之后的大规模推广带来了新的可能。

4.1.4　AI 改良农作物，培育新品种

很多农业专家认为，现代农业的核心目标是研发和培育出更多的新品种。在这个方面，深度学习可以起到促进作用，最具代表性的一个就是如何让作物育种过程得到更加精准有效的改进。

在作物育种领域，深度学习正在帮助作物育种专家研发和培育更加高产的种子，以更好地满足人们对粮食的巨大需求。

在很早之前，一大批作物育种专家就开始寻找特定的性状，一旦真的发现这些性状，这些特定的性状不仅可以帮助作物更高效地利用水和养分，而且还可以帮助作物更好地适应气候变化、抵御虫害。

要想让一株作物遗传一项特定的性状，作物育种专家就必须找到正确的基因序列。但这件事情做起来并不容易，之所以会这样说，主要就是因为作物育种专家也很难知道哪一段基因序列才是正确的。

在研发和培育新品种的时候，作物育种家面临着数百万计的选择，然而，自从深度学习这一技术出现以后，十年以内的相关信息（例如，作物对某种特定性状的遗传性、作物在不同气候条件下的具体表现）就可以被提取出来。不仅如此，深度学习技术还可以用这些信息来建立一个概率模型。

拥有了这些远远超出某一个作物育种专家所能够掌握的信息，深度学习技术就可以对哪些基因最有可能参与作物的某种特定性状进行精准预测。面对数百万计的基因序

列，前沿的深度学习技术的确极大地缩小了搜索范围。

实际上，深度学习技术是上文提到的机器学习技术的一个重要分支，其作用就是从原始数据的不同集合中推导出最终的结论。有了深度学习的帮助，作物育种已经变得比之前更加精准，也更加高效。另外，值得注意的是，深度学习还可以对更大范围内的变量进行评估。

为了判断一个新的作物品种在不同条件下究竟会如何表现，作物育种专家已经可以通过电脑模拟来完成早期测试。这样的数字测试虽然短期内不会取代实地研究，但却可以提升作物育种家预测作物表现的准确性。

也就是说，当一个新的作物品种被种到土壤中之前，深度学习技术已经帮助作物育种专家完成了一次非常全面的测试。而这样的测试也将会使作物实现更好的生长。

4.2　农业链：深度链接人工智能，提升效益

在智能化成为各行业积极探索的目标的背景下，人工智能和农业结合所形成的智能农业也成了农业发展的必然趋势。要形成智慧农业，必然要在整个农业产业链上都进行智能化发展，形成产值更丰富的整体人工智能农业链。

从发展方式上看，打造人工智能农业链可以从产业链、组织形式和经营体制三个方面进行，本小节将从这三个方面展开叙述。

4.2.1　全产业链模式

农业企业和其他行业的企业一样，要想获得可持续发展，必须形成垂直一体化的整体产业链，即全产业链。全产业链是从产品生产到顾客反馈的完美闭环，商品流通中的每一个环节都实行标准化控制，全产业键模式如图 4-1 所示。

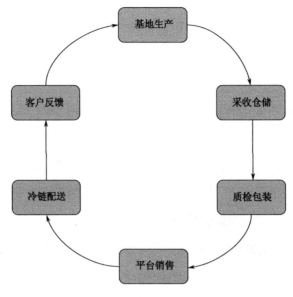

图4-1　全产业链模式

农业的全产业链做到垂直一体化，主要打通三个环节，如图4-2所示。

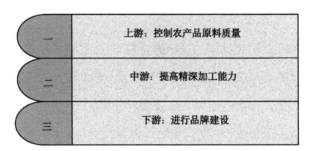

图4-2　农业全产业链主要打通的三个环节

1. 上游：控制农产品原料质量

对农业企业来说，农产品原料的质量就是根本，因此从产品的源头做起，控制农产品的原料质量是非常重要的。

所以，充分发挥人工智能的作用，打造智能农田十分必要。一方面，农民利用人工智能技术提高生产效率，可以得到更高的作物产量。通过人工智能的准确监控，也能保证农作物的优良质量。另一方面加工企业也可以利用人工智能技术打造企业内部的优质农田，提升市场竞争力。

2. 中游：提高精深加工能力

这一步是对农产品加工企业而言的。只有把农产品加工成更精细的产品，比如把小麦加工成面包，企业才会有更多的利润空间及更强的市场竞争力。

在深入发展企业精细加工方面，人工智能技术通过分析企业现有产品相关的加工程度以加工更加精细化的产品，为企业的新品建设提出建议。

3. 下游：进行品牌建设

对于农产品行业来说，形成口碑打造了品牌的企业获得的利润更高。因此，对品牌和销售渠道进行建设是农产品企业应长期关注的领域。

在这方面，人工智能技术通过对企业以往的销售数据进行分析，找出和销量相关的因素，形成智能决策，为企业进行品牌决策时提供参考方向。

当农业形成垂直一体化的产业链后，各环节的运作将十分流畅，运营成本也大大降低，市场竞争力也会大大增强。

因此，未来农业产业链垂直一体化是大势所趋。在这种现代化的进程中，从农业生产到分析决策的各个环节，人工智能都能为智能农业的发展提供新的动力。

4.2.2　农业园区形态

现代农业已经探索出农业园区的高级形态，并在建设人工智能农业链时得以继承和发展，即建立"企业+农业园区+市场"的组织形式。

在"企业+农业园区+市场"的组织形式中，企业是主导，农业园区是关键，市场是目标，该组织形式如图 4-3 所示。

图 4-3　"企业+农业园区+市场"的组织形式

1．企业是主导

企业确立生产目标、生产标准、产品理念等一系列问题后，以主导的身份对农业园区进行统一设计。人工智能在其中起到辅助决策和提出设计建议的作用。

2．农业园区是关键

农业园区是生产的示范点，所以应充分体现智能农业的特点。利用人工智能技术，农业园区可以率先实现无人监管的生产模式，并对农作物实现智能除草、灌溉等培育工作，降低人工成本。也可带领顾客参观和采摘，获得一定的经济效益。

3．市场是目标

无论是怎样的生产组织形式，最终都会落到赢得市场这一终极目标上。为抢占市场的先机，人工智能的智能分析和决策能力必须得到重视。市场动态可由人工智能软件全面掌握，通过人工智能的预测，为企业的市场营销方式提供依据。

传统农业的"企业+农户"模式中，企业和农户在沟通组织上存在诸多利益争端，不是未来智能农业的主流模式。而"企业+农业园区+市场"三位一体的组织模式将利益纷争降到最低，农户在农业园区中作为种植者而非经营者的角色存在，减少了与企业的利益冲突。

由于充分结合人工智能技术，"企业＋农业园区＋市场"的组织形式降低了人工成本和农业灾害的威胁，必定会成为智能农业的主流组织形式。

4.2.3　变革经营模式

《中国互联网＋智慧农业趋势前瞻与产业链投资战略分析报告》曾指出："农业产业链成功与否取决于整个产业链的效益，而产业链的效益取决于'品牌＋标准＋规模'的经营体制。"在建设现代化的智能农业上，"品牌＋标准＋规模"三维融合的经营体制显得更加重要。

在"品牌＋标准＋规模"三维融合的经营体制中，品牌化是核心，标准化是保障，规模化是手段，如图 4-4 所示。

图 4-4　"品牌＋标准＋规模"三维融合

1. 品牌化是核心

要想使终端产品实现价格增值，形成品牌是核心。传统农业链由于没有打造成型的品牌，在生产销售的各环节中无法避免行业风险。所以，通过有效利用人工智能强大的数据分析能力，可以准确定位农业企业的品牌形象。只有在品牌的保障下，产品也会有品牌溢价，这对于本身利润并不高的农产品来说十分重要，所以现代农业企业必须重视品牌化的建设。

2. 标准化是保障

要想建立成功的品牌，必定离不开标准化。农业企业通过人工智能实现对企业自上而下的监督，保证农业企业贯彻落实制定的标准。只有建立严格统一的标准并坚持一贯执行，才能将品牌理念落到实处，形成真正有影响力的品牌，才能获得品牌溢价。

3. 规模化是手段

当企业已经有成熟的品牌和经营标准后，扩大规模是获得更多市场的必经之路。人工智能机器人的精准度和效率高于人工作业，使用人工智能机器人有利于农业企业扩大生产规模。通过规模化生产，企业能够获得规模效应，迅速打开市场。

农业经营和其他行业一样，需要健全完善的经营体制才能获得可持续发展。"品牌＋标准＋规模"三维融合的经营体制符合现代产业的生产经营理念，是未来智能农业的经营发展方向。

第 **5** 章

AI 赋能工业：开启全新"智造"时代

AI 与工业的密切结合，让人类社会迅速步入工业 4.0 时代。对此，北京工商大学的季铸教授指出："智能工业是物理设备、电脑网络、人脑智慧相互融合、三位一体的新型工业体系。"在工业 4.0 时代，工业的全面升级，离不开 AI 的赋能。AI 要渗入工业的各个层面，进行全面的塑造，最终推动智能制造的全面发展。

5.1 工业 4.0 的核心动力：人工智能

从目前的情况来看，人工智能的影响力似乎已经蔓延到工业，并加速了工业 4.0 的到来。包括机械手臂在内的智能产品开始占领工人的工作岗位，无人化工厂越来越多，人机交互日益密切，这些都在暗示着人工智能已经对工业进行了重新定义。

5.1.1 "无人化"工厂：制作标准统一，生产高效

最近几年，无人化受到了人们的非常广泛的关注，热度迟迟没有消减，无人超市、无人酒店、无人驾驶、无人餐厅……一系列与无人化有关的新兴名词不断刷新着人类的认知。现在，中国的无人工厂也终于正式亮相。

2017 年 8 月，坐落于秦皇岛的一家水饺工厂突然火爆起来，这家水饺工厂大约有 500 平方米，非常干净也非常整洁。但奇怪的是，在这家水饺工厂中，根本看不到任何一个工人，取而代之的是各种各样的机器，而且这些机器可以全天候不间断地工作。

无论是和面还是放馅，抑或是捏水饺，全部都由机器来完成，俨然已经形成了一条完整的全机器化流水线。在这家水饺工厂中，一共有以下几种类型的机器，如图 5-1 所示。

图 5-1　水饺工厂中的几种机器

这些机器都有各自应该负责的工作。其中，气动抓手主要负责抓取已经包好的饺子，并将其放到精准的位置上；塑封机器主要负责给速冻过的饺子塑封；分拣机器则需要给已经塑封好的饺子分类（由于分拣机器上有一个带吸盘的抓手，因此不会对饺子和包装造成任何损坏）；码垛机器可以将装订成箱的饺子整齐地码放在一起，而且根本不会感到疲倦和厌烦。

引进了机器以后，这家水饺工厂的工人已经不足 20 人，而且其中的大多数都是在控制室或实验室中工作。不过，虽然工人数量比之前有了大幅度减少，但工作效率却一点都没有下降。

党的十九大报告中明确指出："建设现代化经济体系，必须把发展经济的着力点放在实体经济上，把提高供给体系质量作为主攻方向，显著增强我国经济质量优势。"

为了响应这一要求，正大食品企业积极为这家水饺工厂投资，而这也进一步推动了水饺工厂的发展和进步。

对此，这家水饺工厂的设备工程师姜峰说道："我们用设备代替了人工，用智能的机器代替了设备，在这个过程中企业大大节省了人力，也把职工从繁重的劳动中解放出来。设备先进了，故障率就低了，一般情况下我们只要完成日常点检就可以了。"

可见，通过智能化、无人化生产，工厂的优势已经逐渐凸显出来，具体来说，在节省人力和提高效率的同时，不仅可以大幅度降低人为风险，而且还可以最大限度地保障食品安全。

5.1.2　AI 机器视觉：工业排查更仔细，减少安全隐患

机器视觉也被称为"自动化的眼睛"，在工业生产中具有非常重要的作用。与其他感觉方式相比，视觉无须和被观察的对象接触，因此对观察者和被观察者都不会产生伤害，十分安全，这也是机器视觉得到广泛应用的最重要的原因。

和人眼相比，机器视觉的优点很多，见表 5-1。

表 5-1　机器视觉和人眼对比

	机 器 视 觉	人 　 眼
速度	机器能够更快地检测产品，而且可以用来检测一些人眼无法分辨的高速运动的物体，比如高速出产线上的产品	没有机器反应快，受人的年龄、健康、精神状态等因素影响，不稳定
准确性	精度能够达到达千分之一英寸，且随着硬件的更新，精度会越来越高	由于生理条件限制，人眼能分辨的精度有限
成本	作业效率比人工高，无生病、休假等需要，平均成本较低	需要正常的休息，不能无休止地工作，成本较高
重复性	由于检测方式的固定性，对同种一产品的同一特征进行检测，结果相同，具有较强的重复性	对同一种产品的同一特征进行重复检测时，可能会得到不同的结果，重复性差
客观性	检测结果不受外界其他因素的影响，客观性强	受到人的情绪、生理状况影响较大，经常出现结果不客观的情况
检测范围	红外线、超声波等肉眼不可见的多种物质	可见光等肉眼可见的物质

由表 5-1 可知，机器视觉可以探测到如红外线、超声波等人类观察不到的信号，而

且无须休息，实现 24 小时观测，这对环境较为恶劣的工业生产来说具有非常明显的优势，因此机器视觉在工厂中的应用能产生很高的经济效益。

随着人工智能技术的发展，机器视觉借助人工智能变得越来越智能，在帮助工厂进行安检的同时可保障生产环境更加安全。

机器视觉可以利用人工智能的机器学习技术加强对工厂环境的检测。通过机器学习技术，机器视觉可以充分感知各种条件下不安全的环境和安全的环境之间的差别，提高工厂环境的安全性。

机器视觉在工业安检上的应用有以下三类，如图 5-2 所示。

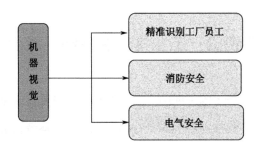

图 5-2　机器视觉在工厂安检的具体应用

1．精准识别工厂人员

大多数工厂对进入工作区的人员管控比较严格。传统的解决办法是监控摄像头和门房人员一起配合，但不能完全消除隐患。利用机器视觉对进入工厂的人员进行全方位监控，实现高精度的面部识别，杜绝非工厂人员混入工厂。

2．消防安全

利用机器视觉对红外线、温度等数据进行检测，实现对工作环境的火灾等事故的提前预警，减少事故的发生率。

3．电气安全

工厂工作环境中注意用电安全也非常重要。机器视觉可以检测全厂的电路情况，防止部分电路出现过载、短路等现象。

现代工业最重要的劳动力依旧是人，但因人工本身的特点有很大的局限性。随着智能化的机器视觉加入现代工业，能够大幅度提高工厂的生产安全性，进而提高生产效率。

5.1.3　人机交互日益密切：工人与机器人的强强联合

2018 年 1 月，世界上规模最大的管理咨询企业埃森哲发表了一篇文章，文章指出，未来，人类与 AI 必须保持友好关系，同时还要有效地展开合作，因为只有人机之间相互配合才可以让 AI 发挥出最大的效用。

以雷柏为例，机器为雷柏带去了自动化，自动化又为雷柏带去了"福利"，而这里所说的福利是指单位时间内用更少的工人生产更多的产品。

对此，雷柏副总经理邓邱伟说道："以前工厂里 8 个工人一天生产 2500 根鼠标线，现在 4 个工人一天能生产 3000 根。"

而且，劳动关系学院副教授闻效仪也指出，随着中国人口红利的逐渐消失，工人短缺和劳动力成本上涨的问题也越来越突出，再加上有的制造企业希望可以尽快提升产品的质量和价值，这些都促使大量劳动密集型的传统制造业走上"智能生产"的道路。

可以预见的是，引入机器以后，用工紧张的局面会比之前缓解很多，与此同时，生产过度依赖工人的状况也有了很大改善，这两点在长三角、珠三角地区体现得尤为明显。

另外，一些专家表示，机器参与生产以后，工人就不需要去做那些重复、危险、简单、繁琐的工作，所以，所需工人数量就会大幅度减少，但对工人素质的要求却有了很大提高。

由此可见，虽然机器已经包揽了很多工作，但并不意味着工人就可以被完全取代，事实上，在很多时候，一些工作必须得通过人机配合才可以更好地完成。

还以之前提到了雷柏为例，用机器将产品装配好以后，还需要工人来完成极为重要的检验工作，此外，雷柏还需要为每个生产线配备负责操控和维护机器的组长。

邓邱伟曾说："'机器换人'不是简单的谁替代谁的问题，我们追求的是一种人与机器之间的有机互动与平衡。"

确实，自从"机器换人"以后，雷柏的工人结构就发生了很大转变，具体为，由产业工人占主要比重的金字塔结构转变为技术工人越来越多的倒梯形结构。

实际上，在描述 AI 带来的新趋势时。与其使用邓邱伟所说的"机器换人"，还不如使用人机协同或者人机配合来描述，毕竟在短期内，机器还不会完全取代工人。

因此，对于工厂和工人来说，要想在 AI 发展洪流中实现自保，那就要把握与机器合作的这一绝佳机会。

5.1.4　工业销售：AI 赋能，实现精准营销

德国"工业 4.0"明确指出，由于各种智能设备的进入和信息化进程的推进，工业会产生各种各样的数据，这些数据就是"工业 4.0"的核心，是"工业 4.0"区别于传统工业生产体系的最根本的特征。

利用人工智能的深度学习，工业大数据的分析会变得越来越精准，能够深度挖掘消费者的需求，促进生产部门不断改进产品，同时还可以起到精准营销的作用。

与单纯的大数据分析营销相比，人工智能背后的营销更注重智能。人工智能的强大深度学习能力将供应链、物流仓储和生产制造三个方面的数据进行结合分析，为营销人员提供更好的决策参考，如图 5-3 所示。

在"工业 4.0"时代，工业企业的数据会随着智能化进程的推进以爆炸式速度增长，这给人工智能的营销决策提供了学习分析的大数据土壤。随着人工智能营销技术的更新迭代，工业企业的营销能力也会得到极大的提升。

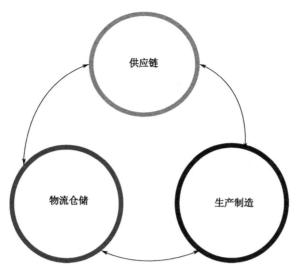

图 5-3　人工智能提供营销决策的依据

5.2　塑造 AI 工业四步曲

智能制造的发展离不开工业大数据的支撑，利用大数据技术，能够创新设计模式，进行个性化的定制设计；能够建立先进生产体系，进行智能化生产；能够优化经营管理体系，做精益化管理；能够创新商业模式，打造服务型制造模式。

5.2.1　创新产品研发

AI 的不断进步，离不开大数据技术的持续优化，大数据技术能够创新产品研发模式，进行个性化的设计，满足定制需求。利用大数据技术进行产品研发，具有以下两个方面的优越性。

一方面，大数据技术能够网罗海量资源，跨越时空限制，提高产品设计的效率和创意。传统时代在进行产品设计时，如果要搜集 100 万人对产品性能的需求信息，则会浪费很多的时间成本。但是在 AI 时代，搜集 100 万人的数据，对于 AI 设备来讲轻而易举。数据搜集效率的提升，能够让设计人员跨过时空的限制，掌握各类多元的信息，提高产品设计的创意度。创意度的提升，最终会为产品带来巨大的红利。

另一方面，利用大数据技术进行产品设计能够做到千人千面。大数据技术赋能产品设计后，云计算平台会智能采集、分析用户对产品的功能的需求、价位的需求、外观的需求等多种信息，这样产品在设计时也会产生多元的风格，就会有越来越多的用户竞相购买。

在 AI 时代，传统的衣柜制造行业也紧跟 AI 的风口，利用大数据技术进行产品的个性化研发设计。典型的代表就是箭牌衣柜。

箭牌衣柜的研发设计人员，充分利用大数据技术，广泛搜集用户意见，并且根据用户的反馈对衣柜的设计进行调整。这样，无论是从功能设计、外观设计，还是风格设计，衣柜都能够满足用户的需求，受到用户的追捧和喜爱。

最重要的是，利用大数据技术，箭牌衣柜能够为用户提供私人定制服务。移动互联时代，人们的消费观念不断升级演变，开始注重产品的个性化与实用化，对于衣柜，人们不再是仅仅追求能够放置衣物，而是有着更高的精神追求。人们不希望自己的衣柜和别人的衣柜一模一样，而是希望有与众不同的特性。

箭牌衣柜设计人员，利用大数据技术，高效搜集用户的个性需求和生活习惯，最终确定衣柜的整体设计方案。无论是从衣柜的板材类型、衣柜高度，还是衣柜的款式与内部格局，箭牌衣柜都能够根据用户的需求，做到差异化处理，满足用户私人订制的高级需求。

从箭牌衣柜的最终设计效果来看，无论是时尚优雅的卡布奇诺，还是富有童真的纯真时代，都充溢着人文情怀，成为用户家居环境中最美的风景线。

5.2.2 加强智能生产

AI 时代，智能制造已是大势所趋。无论是轻工制造还是重工制造，都要建立先进的生产体系，提高智能化生产的水平。

相较于传统工业生产，智能化生产有四个显著的优势，具体如图 5-4 所示。

1	生产高效灵活
2	协作整合产业链条
3	提高生产制造服务水平
4	云制造实现信息共享

图 5-4　智能化生产的四个优势

优势 1：生产高效灵活

实施 AI 制造，能够推动生产方式的智能变革，进一步优化工艺流程，降低生产成本，生产模式更加高效灵活。高效灵活的生产模式又能够促进工人劳动效率的提升和工厂生产效益的提高。

优势 2：协作整合产业链条

AI 制造技术能够使工业生产在研发设计与生产制造环节实现无缝合作，从而达到整合产业链的目标。产业链的协作整合，又能够进一步提高功效，为工厂带来更多的盈利。

优势 3：提高生产制造服务水平

AI 制造的升级，能够使工业生产的性质发生改变，开始由生产型组织转向服务型组织。工业生产部门借助大数据技术以及云计算平台，能够促进智能云服务这一新的商业模式的发展，最终提升生产部门的服务努力与创新能力。

优势 4：云制造实现信息共享

工业生产信息化水平的提升，能够借助云平台，进一步整合车间优势资源，实现信息共享。信息共享机制的建立，则能够推动生产的协同创新，提高制造优化配置的能力，最终能够提升工业产品的质量。

在智能制造领域，已经形成德、美、中三足鼎立的态势。德国率先提出了"工业

4.0"的理念，也正在深入践行；美国不甘落后，迅速提出"工业互联网"的战略；中国也紧跟潮流，出台了"中国制造 2025"的战略规划。

上述三个国家都具有典型的智能制造企业，分别是德国的西门子，美国的 GE 以及中国海尔的互联工厂。

很早之前，西门子就成立了 Next47 这一新业务部门，这一部门借助 AI 促使西门子在工业电气化、自动化以及数字化业务领域实现了颠覆性的创新发展。

Next47 可以称得上是微型的智能工厂。在这里，生产制作员工利用大数据技术不仅可以直接获取用户需求，进行定制化生产，而且能够借助最先进的智能生产设备，实现自动决策和精确执行命令。另外，Next47 在产品的原材料、生产工艺以及环境安全把控方面也做得很出色。

在 AI 时代，为了建立先进生产体系，进行智能化生产，必须要做到以下三点。第一，力争观念创新，技术创想，颠覆传统模式、勇于进行试错探索；第二要始终以用户为中心，始终满足用户差异化、个性化的需求；第三要打通产业价值链，促进产业智能升级，最终形成高效运转的智能生产圈和智能消费圈。只有这样，才能够共同促进创新能力的提升，带动行业的发展，产品的盈利，最终步入美好的"智造"时代。

5.2.3　精益管理

人工智能时代，精细化经营管理才能够使企业的经营顺风顺水。企业的生产部门要实现精细化经营，仅仅依靠人的"脑力"是远远不够的，还需要大数据的支撑。

在 AI 大师论坛上，杉数科技企业的 CTO 王子卓提到："未来企业的核心竞争将是智能决策，比如定价策略将决定很多企业最终能否生存，是企业的生命线。"

借助大数据技术，生产部门能够了解消费者的构成、偏好以及消费行为。这样，生产部门的定价策略将会更科学。产品能够在正确的时间与地点，设置最正确的价格，并为最精准的客户提供最优质的服务。

对于大数据优化经营管理，富士康的创始人郭台铭和览众数据的 CEO 陈灿也都有着独到的见解。郭台铭提到："大数据就是'事前诸葛亮'，能够对未来做出科学的预测。富士康更美好的未来，离不开云端、移动、物联网、智能数据等核心科技。"陈灿则提到："传统制造业的突出问题是库存积压非常厉害，而且可能影响企业现金流。我们切入制造业首先从库存优化开始，通过一个智能化的销售预测模型，大概会知道每个产品在某段时间、某个区域的销量，进而帮助企业了解生产，而且可以辅助上游的采购，机器会推荐采购点，显示价格波动等因子。"

总之，相比于传统的经营管理模式，AI 数据化经营管理，将会使决策更科学，能够帮助企业优化采购，减少库存，获得更多的现金流，提高企业的抗风险能力。

新事物与新技术总是有着美好的前景，但是新技术应用于生产部门的经营管理领域并不是一帆风顺的，而是需要在四个方面取得突破。精益化管理的四个突破口如图 5-5 所示。

1　加速技术的商业化落地

2　招聘更优秀的数据人才

3　深度认知行业垂直领域

4　经营管理人员认真执行

图 5-5　精益化管理的四个突破口

首先，要加速 AI 的商业化落地。

无论是大数据技术，还是深度学习技术，如果它们只存在于象牙塔的顶端，只是被当做一种学术追求，那么企业的精细化经营则会一文不值。

另外，每个企业、每个生产部门的经营模式也都不一样，这更需要提高数据技术的智能推荐水平。而智能推荐能力的提升依然离不开深入地落地式开发。

其次，招聘更优秀的数据人才。

美国的 McKinsey Company（麦肯锡咨询管理企业）发布了一篇名为《分析的时代：在大数据的世界竞争》的科学报告。在报告中，明确地提出："能将商业转化的数据分析专家，单是美国的需求就约 200~400 万。而我国的大数据商业使用这几年才开始，人才缺口更大。"

由此可见，数据人才存在巨大的缺口。如今，我国的数据化运营能力还处于初级阶段，就更需要这方面的专业人才。为实现精细化管理的目标，生产部门也要不惜重金，积极招聘优秀的数据人才。

再次，深度认知行业垂直领域。

利用大数据技术，进行经营管理的优化，不能大开大放，不能搞一刀切，而是需要认清行业的特点及垂直领域，做到个性化的数据管理。例如，汽车制造业和物流行业的生产模式就存在很大的差别，在利用大数据技术时，要做到差异化处理。

最后，企业内部经营管理人员要认真执行。

企业内部经营管理人员要利用深度学习技术，修正以前管理时存在的缺点。同时，要积极利用这套新的系统，根据数据系统的反馈意见，优化企业管理，达到精细化管理水平。

5.2.4 服务型制造

随着信息技术的发展，特别是大数据、云计算及 AI 的逐步成熟与在商业中的广泛应用，这都推动了生产制造业的服务化转型。

信息化部副部长徐乐江曾做出重要讲话，他提到："服务型制造，是工业化进程中制造与服务融合发展的一种新型产业形态，是制造业转型升级的重要方向。推动生产型制造向服务型制造转变，是我国制造业提质增效、转型升级的内在要求，也是推进工业供给侧结构性改革的重要途径。通过发展服务型制造，引导企业开展服务化转型，将有利于改善工业产品供给状况，破解当前制造业面临的发展矛盾约束，提高企业竞争力和市场占有率。"

对服务型制造联盟，徐乐江给出了十六字方针——"明确定位、求真务实、加强建设、开拓创新"。如果坚持贯彻执行这一方针，生产部门必然能够为用户提供优质的产品和专业的服务。

AI 时代，生产制造业要实现服务型的转变，还有很漫长的路要走。但在转型发展的过程中，能够做到以下三点，就能够少走许多弯路。

首先，生产制造部门要制订科学有效的发展战略，重视对信息和数据的挖掘，优化内部的治理结构，提高生产资源的配置效率。在此基础上，不断提升企业的智能化水平和服务品质。

同时，生产部门要坚守"匠人精神"，持续打造"匠心"产品，提高生产部门的服务能力。

其次，良好的社会环境与完善的公共服务体系，能够提升生产部门的服务能力。政府要打造专业化公共服务平台，为企业的生产提供完备的基础材料与基础工艺研发设备。同时，政府还要为中小企业生产部门提供独特的网络基础设施服务。这样才能够提高生产部门的研发效率，为广大用户提供更多的服务。

最后，服务型制造的发展也离不开社会各界的协同配合。高校与职业教育机构要培养专业人才队伍。培养既懂制造业，又懂服务业的复合型人才。人才队伍的优化能够为生产部门的服务化转型提供强大的智力支持。同时，社会各界的相关服务机构也要加强合作，发展面向生产制造业的互联网服务业务，最终提升生产部门的服务水平和能力。

第 **6** 章

AI 赋能金融：最天然的用武之地

> 从本质来看，金融业务离不开强大的数据处理能力，离不开深入的沟通交流。AI 时代，AI 将凭借深度学习技术、知识图谱的强力建构及自然语言处理技术，推动智能金融的进一步发展。

6.1　"AI+金融"的技术三要素

AI 承载了人们对美好科技生活的无限向往。在金融领域，人们更加期盼高效率、高质量、高人性化的智能服务。对于"AI+金融"来说，深度学习、NPL、知识图谱是三个不能忽视的技术要素，它们让 AI 对金融的赋能变得更加高效、稳定。

6.1.1　深度学习

深度学习是现阶段计算机学习算法中比较高级、先进、智能的一种算法。

深度学习算法很适合应用于金融场景，因为深度学习算法能够在干扰因素多、变量条件非常复杂的情况下，进行高智能的深度处理。这一特点与金融市场几乎完全吻合。

金融市场也总是面对着多变的社会环境和复杂多变的政策因素。如今传统的金融计量方法已经渐渐显得力不从心了。深度学习技术的注入无疑会使金融预测及金融方法的改良有明显提高。

整体来看，深度学习与金融领域的结合有着巨大的优势，具体体现在以下四个层面，如图 6-1 所示。

1	自主智能选择，预测金融市场的运行
2	深度挖掘金融领域文本信息
3	辅助投资者改善交易策略
4	覆盖面广，关注众多潜在的小微投资者

图 6-1 深度学习应用于金融领域的优势

1. 自主智能选择，预测金融市场的运行

金融证券行业容易受到社会事件的影响及人们的心理因素的影响。具体来看，当政策形势发生改变，证券的价格也会随之涨跌。此外，人们大都有从众心理，容易在投资、买股过程中产生跟风行为，然而有些跟风行为确实是不明智的。有些人正是因为盲目投身于股市，过于跟风投股，最终还赔了本钱，负债累累。

深度学习技术的应用，将会有效地解决这类事情。深度学习技术基于循环神经网络算法，能够智能地利用自然语言处理技术，准确把握社会状况及舆情进展。在此基础上，再提取出可能影响金融走势的事件，并引起人们的注意，最终合理规避这类事件，取得金融投资的盈利。

在金融领域，对未来金融产品价格的预测一直是热门。在 PC 时代早期，机器学习算法也曾经有过简单的应用。随着技术水平的提升，如今越来越多的专家也开始利用深度学习模型，提高对未来预测的精确性。

而且，目前在对价格未来变动方向和变动趋势的预测上，已经取得了明显的效果。例如，借助深度信念网络训练机器可以帮我们智能地预测、筛选日常交易数据，并为我们的相关决策提供数据支撑。

2. 深度挖掘金融领域文本信息

文本挖掘是金融信息分析的重要一环，影响着我们的金融决策。随着时代的进步，互联网技术的迅猛发展，以及 AI 的初步应用，信息的传输速度已经取得了质的飞跃。

总之，我们如今已经走在了信息的高速公路上，步入了信息爆炸、知识爆炸的时代。然而，信息爆炸却并不意味着信息处理能力的飞跃或者信息处理技术的爆炸。在金融领域，信息处理能力仍然是制约发展的短板。

深度学习技术的应用将会有效提高文本挖掘的能力，助力我们进行金融决策。深度学习算法基于神经网络算法，能够在非线性的市场环境下，智能地提取文本内的有效信息，使我们的金融决策不再难！

3. 辅助投资者改善交易策略

在金融领域，现代投资风险管理中面临的一个重要的问题就是投资模型过于同质化。投资模型的同质化，有两个重要的危害。一方面，微观投资者利用同质化的投资模型，会严重影响其投资的收益率；另一方面，宏观市场利用同质化的投资模型，市场将会缺乏流动性，在经济危机时会产生更糟的结果。

深度学习算法能够有效解决这一问题。深度学习算法能够综合考虑企业的发展状况，投资产品的未来效益，以及用户对产品的未来需求，智能地推荐出差异化的投资策略。总之，会使投资者的投资效益最大化。

4. 覆盖面广，关注众多潜在的小微投资者

一般而言，金融机构更倾向于高收入人群。然而，高收入人群却有着相反的做法，他们更倾向于通过私人银行进行理财，而且能够形成一种长久的合作关系。

金融机构一般都不太倾向于小微投资者。他们对小微投资者的投资行为总是谨小慎微，而且也一直抬高投资门槛。金融机构认为，这类人群人均资产相对较低，不容易取得高额的投资回报。

可是，金融机构却忽视了很重要的一点：小微投资者人员数量众多。在大数据技术广泛应用的今天，通过历史数据，金融机构可以很容易分析出小微企业的盈利状况，从而对其进行合理的投资行为。

长期利用深度计算下的大数据技术，能够更加关注处于长尾链条中的小微投资者，从而实现精细化的投资，投资回报率也能通过量的积累达到质的飞跃。

综上，深度学习在金融领域的应用将会是一件百利而无一害的事情。不仅能够明确投资者的投资方向，还能够使小微投资者获利，最终实现企业与金融机构的双盈利。

6.1.2 NPL

自然语言处理（简称 NLP）简言之就是让计算机理解人类的自然语言，并且能够智能地进行分析与操作。单讲概念，大家会觉得很生硬，也很无趣。其实，NLP 就充斥在我们的周围，已经融入了我们的生活场景及各类其他场景。例如，百度、谷歌的搜索引擎，以及谷歌翻译，这些都是典型的 NLP 的实际应用。

在金融领域，如果我们能够充分利用 NLP 技术，将会大幅提高我们的工作效率。因为在金融市场上，每天都充斥着海量的财经新科技、财经新闻等。总之，财经信息更新动态速度较快，财经领域的工作者必须在无尽的数据搜集中挣扎，力求取得准确的数据，得出有效的财经结论。目前，在金融市场出现的 NLP 应用，按照功能大致可

以分为三类，如图 6-2 所示。

图 6-2　NLP 在金融市场的三大功能

第一，NLP 能够应用于金融信息的复核。

在金融业务中，复核就是校验交易。一般来言，在对公业务中，信息复核量非常大。因为对公业务量大，而且金额数量巨大，因此就需要多名员工进行大量的金融信息的复核工作。

然而，NLP 技术的应用将会大大减少人员投入，同时提高复核的准确性和效率。NLP 技术基于特有的语言读取与语义理解技术，能够模仿人类进行信息的高效审核。同时，由于计算机不需要休息，所以能够无眠无休地进行金融信息的复核工作。一方面能为金融工作者解压，另一方面也会让金融工作者把工作的重心转移到为客户服务上，或者转移到其他更有价值的工作中。

第二，NLP 能够应用于金融信息的垂直搜索领域。

我们此处以物联网产业中金融信息的垂直搜索为例进行说明。整个垂直搜索大致有三个流程。具体过程如下。

（1）NLP 能够顺利梳理物联网企业的产业链条。

（2）借助 NLP，我们能够清晰地看到产业链上各家企业的基本信息。例如，财务指标、市场规模、产品专利信息，以及合作者或者潜在合作者等。

（3）之后，我们就可以很容易地抽取出产品的竞争格局，以及市场规模等信息。

（4）最后，借助 NLP，我们能够轻松生成产业链报告。产业链报告详细包含企业业务布局、产品专利数量、投融资规模等信息。

这样，我们就能对整个行业的金融信息进行一个垂直又细致的划分，最终做出明智的决策。

第三，NLP 能够自动生成金融信息报告。

综合人工智能的大数据技术，以及 NLP 技术，我们能够自动生成企业或其他组织的金融信息报告。该报告涵盖的信息范围很广，例如，企业的基本信息、企业近五年的财务报表、同业企业对比、企业的销售模式、企业的股权结构、企业的潜在客户与未来市场规模等。

这些数据的及时搜集能够让我们对企业的整体情况有一个全方位的理解，特别是对企业的财务信息有一个透彻的了解。同时，我们还能对同行的财务信息进行综合分析，做到知己知彼，这样企业才会有更美好的未来。

6.1.3　知识图谱

知识图谱的维基定义是：知识图谱是 Google 用于增强其搜索引擎功能的知识库。知识图谱的构建不是空中楼阁，而是需要对现有数据进行精细化、智能化加工。

知识图谱在本质上是一个关系链，是把两个或多个孤单的数据联系在一起，最终形成一个数据的关系链。当然，在构建过程中会用到很多算法，例如，神经网络算法、深度学习等。如今，知识图谱通常被用来泛指各种大规模的知识库。

知识图谱在金融领域也有着独特的应用，如图 6-3 所示。

知识图谱能帮金融做什么？

- 传统数据终端的增强或替代；
- 金融搜索；
- 金融问答；
- 公告、研报摘要；
- 个人信贷反欺诈；
- 信贷准备自动化；
- 信用评级数据准备自动化；

- 自动化报告；
- 自动化新闻；
- 自动化监管和预警；
- 自动化审计；
- 法规和案例搜索；
- 自动化合规检查；
- 产业链自动化分析；
- 跨市场对标；
- 营销和客户推荐；
- 长期客户顾问

图 6-3　知识图谱在金融领域的应用

纵观知识图谱在金融领域的应用，我们不难发现，它有三个强大的功能。

第一，知识图谱能够解放人力，替代一些简单重复的金融劳动。例如，金融搜索与金融问答。

第二，知识图谱能够提高工作效率。通过对智能数据的分析，智能金融能够自动地生成报告及新闻，另外，可以自动地进行监管和审计。

第三，知识图谱的应用能够提高金融客服质量，提高用户满意度。知识图谱能够对产业链进行自动化分析，智能推荐客户，并进行营销工作，成为客户的长期顾问，增加客户的依赖度。

总之，知识图谱在金融领域的构建是一种自下而上的构建方式。能够从既有数据中总结提取结构化数据。知识图谱的优点是循序渐进的，便于进行商业落地。借助知识图谱，金融业务的处理能力将会迎来质的飞跃。

6.2 "AI+金融"的服务效果

AI 时代，智能金融的浪潮已经席卷而来。金融行业也逐渐加速升级，让人们的金融生活产生无限可能。

"AI+金融"的最佳切入点有两个，一是智能金融服务领域，包括拓展金融服务边界，进一步降低金融服务成本；二是金融风险防控领域，使每一次的风投都尽量智能化、合理化。

6.2.1 降低服务成本

科学技术是第一生产力，科技的提升必然会带来生产效率的提升，生产效率的提升自然而然会带来生产成本的下降。

云计算与大数据技术的成熟催化了 AI 的进步，深度学习技术引领了新的 AI 浪潮。这些技术都能够使复杂的任务简单化，从而大幅提升 AI 工作效率。

AI 对传统金融机构的影响无疑是颠覆性的，AI 融入金融领域必然会提高金融领域的工作效率，从而降低金融服务行业的各种成本，为更多的用户提供方便。

智能金融会提升工作效率，但是金融领域工作效率的提升并非能一步到位的，而是需要经过四个严密的步骤：金融业务流程的数据化、数据逐步资产化、数据应用场景化和整个金融流程的智能化。

随着数据智能金融细分领域的不断积累和优化整合，智能金融也将会不断拓展细分场景，提升业务效能。

清华大学国家金融研究院院长朱民曾经提到："目前，AI 虽然才刚刚开始发展，但已经产生了深远的影响。例如，16 年前在瑞士，曾有一个一千人的交易大厅，现在却不复存在了，这是没有业务了吗？并不是，它们的交易量在翻番，而交易员被机器取代了。另一个高盛的交易大厅，当年的 600 个交易员，到今天变成只有 4 位，其他交易员都被机器取代了。原因很简单，因为机器看得更广、更宽，时效更快，抓得更精准，执行更有效。机器远远超过人的能力。"

这虽然是一个简单的案例，但却透露了很多的信息。在金融领域，AI 的智能化水平和工作效率要远远高于人工。银行的普通服务人员逐渐被 AI 智能机器替代，这就为银行节约了大量的人力成本。

同时，AI 在金融客服、金融信贷审核与金融反欺诈等金融业务上都能够提供非常强大的支持，能够大幅提高金融科技行业的效率。这里以智能投顾平台为例，说明 AI 是如何提高金融行业的办事效率，降低金融服务成本的。

智能投顾，又被称为机器人理财，换句话说就是 AI 与投资顾问的完美结合。智能投顾机器人会综合客户的理财需求及产品的特点，通过深度学习，智能化地为客户提供理财服务。

Wealthfront 是全球著名的智能投顾平台，它能够借助计算机模型及云计算技术，为用户提供个性化、专业化的资产投资组合建议。例如，股票配置、债权配置、股票期权操作及房地产配置等。而且，它具有五个显著的优势，分别是成本低、操作便捷、避免投资情绪化、分散投资风险及信息透明度高。

Wealthfront 的快速发展离不开四个要素的支持，即：强大的 AI 及超强竞争力的模型、美国成熟的 EFT 市场、强大的管理团队与雄厚的投资团队，以及完善的 SEC 监管。

首先，Wealthfront 智能投顾平台离不开强大的 AI 及超强竞争力的模型。强大的数据处理能力能够为用户提供个性化的投资理财服务。而且借助云计算，能够提高资产配置的效率，大大节约费用，降低成本。

另外，借助 AI，Wealthfront 打造了具有超强竞争力的投顾模型，能够有效融合金融市场的最新理论与技术，为用户提供权威、专业、精湛的服务。

其次，美国 EFT 成熟的市场，为 Wealthfront 智能投顾平台的发展提供了大量的投资工具。例如，EFT（electronic funds transfer），即电子资金转账系统，美国的 EFT 种类繁多，预计超过一千多种，这就可以满足不同用户的多元需求。

再次，Wealthfront 智能投顾平台离不开强大的管理团队与雄厚的投资团队。Wealthfront 智能投顾平台的许多核心管理成员都来自 eBay、Apple、Microsoft、Facebook、Twitter 等世界知名企业。投资团队的成员各个身怀绝技，投资经验丰富。而且他们无论在商界、学界还是政界，都有丰富的人脉关系和资源优势。

最后，Wealthfront 智能投顾平台离不开完善的 SEC（证券监管委员会）监管。美国 SEC 的监管比较完善，同时，美国 SEC 还下设投资管理部，负责颁发投资顾问资格。在这种健全的监管体制下，Wealthfront 才能顺利地进行理财服务和资产管理业务。

种种因素的综合叠加促使 Wealthfront 智能投顾平台越来越强大。Wealthfront 借助智能推荐引擎技术，能够为用户提供定制化的金融服务。

智能语音系统又能够及时地为用户提供优质的线上服务，这就大幅节省了用户的时间，提高了用户的使用效率，最大限度地发挥了 AI 的效率和价值。

总之，这些技术的综合使用，不仅能够有效降低金融服务的成本，还能够提升用户的使用体验。

6.2.2 拓展服务新功能

《新一代人工智能发展规划》中有这样的内容："在智能金融方面，要建立金融大数据系统，提升金融多媒体数据处理与理解能力。创新智能金融产品和服务，发展金融新业态。"

2018年，全球最大的管理咨询企业——埃森哲在名为《与AI共进，智胜未来——智能金融研究报告》中也提到："智能金融不仅仅是一个前瞻的概念，而是可以应用到各个金融细分领域的大趋势，是金融与科技融合发展的必然结果。"

由此可见，AI与金融的融合发展是时代的趋势，也是金融发展的最佳道路，而且AI还可以贯穿金融业务的各个领域，拓展金融服务边界。

AI融入金融后，传统金融服务行业可以细分服务场景与服务人群，为长尾人群提供更多的服务。借助大数据与云计算等AI科技，可以针对长尾人群有效地提供普惠金融服务。

PPmoney理财就是典型的AI金融理财工具。借助AI科技，PPmoney能够遵循其基础理念，做到产品分类明确，用户分层清晰，千人千面理财，并提供智能撮合服务。而且PPmoney理财不断地进行产品的迭代，在智能风控、智能借贷、智能理财、智能投顾及智能评分领域，都有很不错的成绩，深受用户的欢迎和喜爱。

同时，金融服务行业也在努力探索如何借助AI提升金融服务的智能化水平，中信银行给出了相对明确的答案：金融服务提升智能化水平的关键在于应用先进的AI。

借助"AI＋金融服务"的模式，提升挖掘与分析金融数据的能力，提升市场行情的分析能力与预测能力，提升满足客户需求的服务能力，以及提升金融风险的管理与防控能力。

另外，在科技与金融融合发展的道路上，以AI科技为核心的互联网巨头已经做出许多积极有益的尝试。这些互联网巨头不断拓展金融服务的边界，不断尝试构建新的金融生态体系，希望可以让更多的人受益。

著名的案例就是百信银行。百信银行由百度与中信银行联手打造。在 AI 的浪潮下，在天时、地利、人和的条件下，百信银行正式登上了科技的舞台。对于百信银行，百度曾用简单、有力量的话语表述："我们要用 AI 的能力，把百信银行打造成最懂用户、同时最懂金融产品的智慧金融服务平台，真正让金融离所有客户更近一点。"

百信银行的核心技术平台是百度智能云平台。在金融业务领域，百信银行也在逐渐加大百度智慧金融平台的建设。目前已经有 300 多家金融机构与百信银行展开合作，并接入其智慧金融平台，全面实现数据共享。

百信银行将从四个维度推动金融服务业的智能升级，这四个维度分别是提升用户画像能力，提升精准获客能力，提升个性化服务能力，以及提升金融大数据风控能力。

百度高级副总裁朱光表示："AI 可以帮助传统金融机构从金融画像、智能创意、智能匹配三个层面实现即时获客。"

同时，他还谈到："百度与中国农业银行达成战略合作，共建农行'金融大脑'及客户画像、精准营销、客户信用评价、风险监控、智能投顾、智能客服等六个方向的具体应用。目前，双方还在对接智能掌银、交易反欺诈、信用反欺诈、精准营销、信用分级等技术，有些已经小批量上线试用，如智能掌银的刷脸转账功能。"

在智能服务领域，百信金融借助人脸识别技术及语音识别技术，逐渐进行智能金融产品的商业化落地，不断提升用户的使用体验满意度。在未来，百信银行将会打造更先进的智能金融产品，这些金融产品将会与用户的智能手机相连，这样用户就可以足不出户享受所有智能金融服务。

对于百信银行的未来，百度 COO 陆奇有着很乐观的态度。他曾经说道："在技术浪潮的快速推进下，百信银行真正能够做到科技让复杂的金融服务更加简单、便捷。"

AI 在金融服务领域的应用还处于"黎明阶段"，未来 AI 金融的道路还很漫长。随着 AI 的进一步发展，金融必将进一步拓展服务边界，推出更有价值、更智能化的产品，更好地服务大众。

6.2.3　加强风险能力

当谈及金融领域的 AI 热时，微众银行科技产品部的副总经理卢道和有着清醒的认知。他认为："AI 和大数据，已经广泛应用在中国金融的各个领域了，无论是银行还是保险，还是证券，以及其他金融机构，都在运用这些技术来提升自己的风控能力，降低成本，改善客户体验。"

由此可见，无论是传统的各项金融投资服务，还是新兴的 AI 金融服务，都离不开完善的风险控制。AI 应用于金融领域的一个亮点就是借助各种智能算法和智能分析模型提高金融风控的能力。

金融领域的其他专业人士也普遍认为，AI 要在金融风控领域发挥力挽狂澜的作用，必须满足三大条件，如图 6-4 所示。

图 6-4　AI 应用于金融风控的三大条件

首先，AI 金融风控离不开海量数据的支持。

数据必须很详细、具体，这样，数据分析人员或者智能投顾机器人就能够借助数据迅速分析出用户的基本特征，描摹出用户的基本画像。

例如，数据要包括用户的性别、年龄、职业、婚姻状况、家庭基本信息、近期的消费特征、社交圈及个人金融信誉等。当 AI 能够有效抓住这些有价值的数据后，就可以高效地进行各种金融风控，并能够合理地进行金融产品的投资与规划。

平安银行认为："智能风控的核心在于针对客户进行个性化的投资。"只有借助大数据技术，仔细分析用户的各种金融消费行为，描摹用户的画像，才能够实现智能的风险控制。

现在，日益开放的网络环境、更加分布式的网络部署，使大数据的应用边界越来越模糊，用户数据信息被泄露的风险仍然很大，所以我们必须重视用户的数据安全。

蚂蚁金服的 AI 负责人余鹏对于如何获取用户画像有着更人性化的认知。他认为，AI 金融机构在获取用户的各种数据，描摹用户的画像时，必须征得用户的同意，特别是要利用技术手段告知用户，在获得用户允许后，才能够使用用户的消费行为数据。而蚂蚁金服在这方面做得很出色，当获取用户的消费数据以后，会利用技术手段及严谨的第三方审核手段，进行数据的加密和脱敏，然后再把相关数据传输给金融机构。这样既能够有效描摹用户画像，又能够保证用户数据安全。

其次，AI 金融风控也离不开合适的风控模型。

风控模型离不开大数据技术和云计算技术。借助超高的运算分析能力，不断对海量的用户数据库进行数据优化，从而更精准地找到用户，留存用户，最终使用户成为产品的忠实粉丝。

另外，合适的风控模型也能够提高 AI 客服的效率。客服的针对性会更强，用户的满意度也会更高。

拍拍贷借助深度学习能力和神经网络算法，建立了一套完备的墨镜风控系统。所谓墨镜风控系统，就是利用 AI，建立的一套图形数据库反欺诈系统。反欺诈系统的工作原理如下：以用户的其本信息和行为特征作为变量，借助机器学习技术及神经网络算法生成反欺诈模型。这套风控系统能够快速识别潜在风险。

目前，拍拍贷的智能化审核比例已经超过 90%。最终，这套风控模型有效地防止了实时交易带来的风险损失，深受用户的欢迎和喜爱。

最后，AI 金融风控还离不开大量的 AI 金融专业人才。

AI 金融专业人才是一种复合型人才，是新时代的新兴人才。他们不仅要具备专业的金融学领域的各种知识，还要具备专业的 AI 分析技能。这样的人才不断汇聚，才能够进一步提升 AI 金融风控的能力，创新 AI 金融风控的方法。

当然，这些人才的培养离不开社会各界的支持。教育部门要不断实施教育体制改革，培养这方面的专业性人才；政府部门要加大对 AI 方面的资本投入；科研部门要深入 AI 的研究；社会精英商业人士，要不断深入实践、深入生活，发现可落地的 AI 金融应用，寻找新的商机。只有做到产、学、研的不断配合，复合型人才的数量才会越来越多。

6.3 "AI+金融"的应用场景

AI 的发展离不开数据，金融的发展也离不开数据，AI 数据与金融数据的融合会促进 AI 金融的升级迭代。可以说，金融领域是 AI 天然的应用场景。

目前，典型的 AI 金融应用领域有 6 个，分别是智能理财投资、智能信贷决策、智能金融安全、智能金融客服、智能金融保险，以及智能金融监管。

6.3.1 智能理财投资

AI 在金融领域的一个典型应用就是智能投顾。智能投顾，顾名思义就是"人工智能＋金融投资顾问"。本质上来讲，智能投顾就是智能机器人逐渐代替投顾专家，担任我们的理财顾问。

金融投资顾问的工作极其重要，他们相当于金融产品和用户之间的纽带和桥梁。一般情况下，金融投资顾问的主要工作内容，如图 6-5 所示。

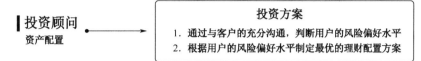

图 6-5　金融投资顾问的主要工作内容

由图 6-5 可知，专业的金融投资顾问会有效结合用户的消费特征和金融产品特征，为用户提供好的金融理财产品，制定较优的理财配置方案。

那么，智能投顾又是如何担任金融产品与客户之间的桥梁的呢？具体来讲，离不开以下三种技术，如图 6-6 所示。

图 6-6　智能投顾的三项核心科技

首先，智能投顾可以利用大数据技术。

利用大数据技术有利于识别用户的投资偏好及预测投资风险，能够有效提升智能投顾处理金融数据的效率。而且大数据技术与智能推荐技术的融合，将会为用户提供更精准、让人更有兴趣的理财产品。

智能投顾要完美地利用大数据技术，必须具备以下四个功能，否则智能就无从谈起。

功能一：智能投顾必须能够从变化的规律中，利用大数据技术获得用户的投资风险偏好。

功能二：智能投顾必须能够利用投资风险偏好，结合风险控制模型，为用户提供个性化的金融理财方案。个性化的金融理财方案要充分考虑众多数据，例如，用户的年龄、性别、收入等基本数据，以及消费心理和近期消费行为等动态数据。只有这样，才能保证智能投顾的决策做到千人千面。

功能三：智能投顾必须对数据实时跟进，从而进一步调整用户的金融资产配置方案。

功能四：智能投顾必须能够有效地利用有价值的数据，避免高风险，让用户在可承受的风险范围内，达到价值的最大化。

其次，智能投顾离不开算法的升级迭代。

近年来，许多机器学习算法，如神经网络算法、深度学习算法等不断与金融领域融合，借助这些算法，智能投顾就可以深度地进行股票预测。

随着算法的进一步升级迭代，智能投顾的未来会更光明。涉及资产配置应用领域，先进的算法会为投资者提供最优的投资组合，能进一步降低他们的投资风险。

最后，智能投顾离不开优秀的资产配置模型。

资产配置模型基于更多元的 AI，能够起到信号监控及量化管理的作用，这有利于使投资者的决策更加理性。智能投顾的案例很多，除了前文提到的 Wealthfront 智能投顾平台以外，还有以 Betterment 为代表的新兴智能投顾企业。

Betterment 兴起于 2010 年，对于我们中国的用户来讲，它可能还是一个比较陌生的智能投顾企业，但在美国，它可以称得上家喻户晓。

Betterment 的 CEO Jon Stein 提到："智能投顾发展的核心是要确保客户的收益，确保整个投顾行为一直符合客户的终极目标。"

Betterment 面向个人用户推出智能化的资产管理功能，例如，智能投顾可以向个人用户提供基金、股票、债权、房地产资产配置等多项功能，由此开启了智能投顾的全新时代。Betterment 的独到之处在于始终以目标导向型为投资策略，所谓目标导向等同于"以用户为中心"。Betterment 会始终根据用户的理财目标，智能地为用户推荐优秀的、恰当的资产配置组合方案，并且坚持完善用户的投资计划。这样，用户就能够获得风险相对较低但收益较大的投资方案。

例如，当 Betterment 为用户制订退休储蓄计划时，会根据用户的状况，询问许多问题，问题大致包括退休金的年额度、用户的日常支出状况及用户的社保计划、投资计划等。通盘考虑这些问题后，Betterment 会利用大数据技术和行管算法，智能地为用户提供一个达到既定目标的退休储蓄方案，最终会使用户受益匪浅。

Betterment 有这样的功效，离不开强硬的技术支持和完善的服务渠道。一方面，Betterment 会全面地进行用户数据的采集与整合。他们的技术团队特地推出了一个新的整合账户的方法。他们可以通过数据采集技术，把用户的银行账户、消费状况及贷款情况等基本数据信息汇入一个新的账户中。在进行了全面的数据整合后，他们会给用户提供一个整合度高的资产配置建议。

另一方面，Betterment 也在不断扩展自身的服务渠道。他们不仅直接面对客户直销市场，还为专业的金融投顾人员提供服务。服务渠道的拓宽，为他们的智能投顾带来了更多的新用户，也提升了在智能投顾领域的知名度。

随着 AI 的进一步发展，智能投顾也会有更光明的未来。整体来看，智能投顾有四个被看好的趋势，如图 6-7 所示。

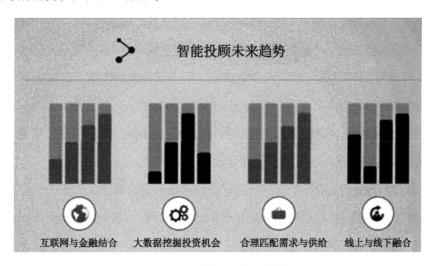

图 6-7　智能投顾的未来趋势

未来，智能投顾将会与互联网技术密切融合，借助 SEO 技术进一步优化金融搜索的效率；大数据技术将会被更广泛地应用于投资机会的挖掘。同时，智能投顾的商业落地必须与用户的需求匹配，这样才能有更大的盈利空间；线上线下融合也是智能投顾的发展趋势，渠道的拓宽会使智能投顾行业吸引更多的种子用户，从而带来更多的商业价值。

而且，百度副总裁张旭阳表示："AI 将进一步加快线上与线下的融合。在人工智能阶段，世界更加立体和鲜活，它可以推动金融的发展，使金融机构更加深刻地理解用户，推出个性化、定制化服务。"

智能投顾的未来趋势代表着未来的发展方向，嗅觉敏锐的商业人士会尽快利用这些趋势，优化智能投顾产品，使智能投顾产品更加接地气，更加实用，能为用户创造更多的价值，这样才能够在智能投顾领域分得一杯羹。

6.3.2　智能信贷决策

过去，所有信贷决策都是由信贷人员做出的。仔细想来，这种方式其实存在很多弊端，例如，主观色彩过于强烈、所需时间过长、耗费精力过多等。

为了解决这些弊端，一套完整的智能信贷解决方案——"读秒"横空出世。在最开始的时候，"读秒"还只是一个决策引擎产品，经过了多年的发展，现在已经成为一套完整的智能信贷解决方案，而以周静为代表的"读秒"团队也成功加入品钛旗下。仲惟晓是"读秒"的技术负责人，他曾介绍，到目前为止，接入"读秒"的数据源已经超过40 个，而且通过 API 接口，这些数据源可以被实时调取。

另外，接入数据源以后，"读秒"还可以通过多个自建模型（例如，预估负债比、欺诈、预估收入等）对数据进行深入的清洗和挖掘，并在此基础上，综合平衡卡和决策引擎的相关建议来做出最终的信贷决策。

更重要的是，所有的信贷决策都是平行进行的。据了解，只需要 10 秒左右的时间，

"读秒"就可以做出信贷决策，在这背后，不仅有前期日积月累的数据收集和分析，还有不可被忽视的模型计算。

在普通人看来，大数据、机器学习等前沿技术就好像一个大黑箱，但其实是可以找到一些规律的。对此，仲惟晓表示，"读秒"的合作伙伴经常会提供大量数据，但真正有价值、有用途的数据维度基本上都是需要进行挖掘的。"并不是说把数据拿来，然后放在一个很神奇的机器学习模型里就能把结果预测出来。"

举一个非常简单的例子，客户在申请信贷的时候，会产生各种各样的数据，包括交易数据、信用数据、行为数据等，这些数据可以帮助决策机构更加深入地了解客户。然而，这些数据是需要挖掘的，只不过挖掘的过程与信贷的过程并不是相融合的。

此外，仲惟晓还说："有海量的数据之后，我们需要利用距离、分组等决策算法，从这些数据中筛选出业务适用的模型，规避风险。"接着，他又用一个例子来进一步解释背后的道理，具体如下。

"一个很简单的例子，比如客户在多平台借款的情况——以前我们觉得，一个客户借款 5 次、8 次或者 10 次，第三方数据源可能会提供。但是现在，我们更加会看，比如多平台的借款频率，在过去的 90 天，或者 270 天、360 天中是怎么变化的，此外还有借款的次数和借款平台数之间的关系。在这些裸体数据上面所建立的就是所谓'维度'。"

实际上，虽然看起来不同客户在不同平台留存的数据并没有太大关联，但这些数据之间也会形成网络交织。而且，随着客户数量的不断增加，留存的数据也会越来越多，这样的话，"读秒"的自创模型就可以得到进一步优化，从而适用于更多场景。

由此来看，"读秒"的大数据并不是面向一个客户的，而是面向一群客户，也正是因为这样，再加上前期的累积，才造就了"读秒"的 10 秒决策速度。

"读秒"科学决策总监任然明确指出："其实建模型这个东西，大部分时间都花在挖掘数据上，把几千个、几百个数据跑出想要的维度，最后一气呵成建成模型，这个很快，只是之前这个东西需要大量时间的积累。而且很多时候是需要试错的。就比如现在如果有一千个维度在跑的话，毫不夸张地说，我们会建大约十万个或者二十万个维度，去试哪些维度有用，哪些维度没用，因为需要理解数据。"

以"读秒"为代表的智能信贷解决方案，不仅让信贷决策变得更加科学、合理、准确，而且也让被借贷方和决策机构免遭风险。可以预见的是，未来，信贷决策的智能化程度会越来越高，金融领域的稳定性也会越来越强。

6.3.3 智能金融安全

2015 年，互联网金融第一次被写入《中共中央关于制定国民经济和社会发展第十三个五年规划的建议》，在金融领域不断进步的历程中，这一举措无疑是浓墨重彩的一笔。

从目前的情况来看，随着互联网的逐渐普及，互联网金融似乎依然在蓬勃发展，但不同的是，由于监管机制的渐趋完善，互联网金融正在朝着有序化、规范化的方向转变。

2016 年 10 月，国务院办公厅还正式发布了《互联网金融风险专项整治工作实施方案的通知》。即使这样，作为金融的一个重要分支，互联网金融安全的重要性也不可以忽视，毕竟互联网是一个公共空间，里面难免会掺杂着各种各样的风险。

零壹财经创始人柏亮曾表示，如果要把国民经济转变为消费主导型，那就必须要大力发展以下三种类型的机构——理财机构、投资服务机构和技术服务机构。特别指出，技术服务机构将会成为"构成未来互联网金融主要的发展群体"。

而 Linkface 恰巧是一家新型的技术服务机构，它诞生于清华科技园创业大厦的一处办公场地。诞生之初，就获得了不少世界级奖项。而随着 AI 在金融领域的逐渐火爆，Linkface 又开始钻研实现金融安全智能化的方法。

正是凭借这种非常珍贵的钻研精神，Linkface 很快获得了投资者的关注和认可，并相继与 50 多家知名企业达成了深度合作，其中占比最大的就是互联网金融企业和传统商业银行。

在这之后，Linkface 非常清楚地意识到，对于准入门槛非常高的金融领域而言，如何提高交易场景下的"安全"指数是一个十分关键的问题。因此，Linkface 的最大愿景就是，为金融企业和金融机构提供星级安全服务，尽快打造一套完美的智能金融安全解决方案。

依托以深度学习为驱动的相关技术，Linkface 构建了一个身份核验机制，该机制适用于金融领域那些需要身份认证的应用场景，例如，远程开户、柜台开户、ATM 交易、线上实名认证等，这样的话，"我是我"的认证过程就可以变得更加高效，也更加安全。

据了解，Linkface 的人脸识别技术具有相当高的安全系数，甚至可以与 7 位数字密码相媲美。不过，即使如此，也还是会有黑客用各种各样的不法手段对系统进行攻击。在这种情况下，Linkface 活体检测技术就可以派上用场，对不法攻击进行鉴别，从而最大限度地保证金融环境的安全。

未来，AI 在金融安全方面的可能性还会越来越多，这不仅可以帮助金融企业和金融机构打造最高安全标准，还可以让金融工作变得更加高效、轻松，并为金融领域创造更大的价值。

6.3.4　智能金融客服

通常来讲，在金融领域，AI 的应用应该分为三个阶段——机器学习阶段、自然语言处理阶段和知识图谱阶段。

其中，机器学习阶段的主要体现是金融机构能全面渗透到所有模型建设中；自然语言处理阶段的主要体现是绝大多数金融机构都已经引入自然语言处理技术；而知识图谱阶段的主要体现则是将知识图谱应用到反欺诈分析中。

如今，AI 正在逐渐成为一项普惠科技。在这种情况下，越来越多的机构开始投入到 AI 洪流中，而上面提到的 AI 在金融领域的三个阶段也有不同程度的落地案例。

但怎样才可以让 AI 与金融工作中重要的客户服务融合呢？以下两个要素不可或缺，如图 6-8 所示。

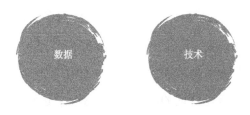

图 6-8　AI 与客户服务相融合的不可或缺因素

1. 数据

对客户服务来说，数据是非常重要的，例如，有了数据以后，金融机构就可以为客户制作精准的画像，并在此基础上提供更加符合客户需求的服务。

在这一方面，中国移动互联网金融综合服务平台——玖富就做得非常不错。从成立一直到现在，玖富历经了十多年的发展，也积累了各种各样的数据。有了这些数据以后，玖富就将其用到了客户服务中。具体来说，当客户需要服务的时候，玖富就会根据客户留存下来的数据提前制订一份服务方案，从而大大提高服务效率和服务质量。

现在，随着 AI 的不断发展，机器已经可以在某种程度上替代真正的客服人员，通过模仿人类对话的形式与客户进行深度互动。玖富凭借自己的数据优势，对客户进行分类处理，并根据后台任务列表，通过一些比较流行的方式（例如，私信、评论、点赞等）实现与客户的互动，从而提升客户服务的精准性和有效性。

2. 技术

这里所说的技术就是 AI。无论是数据挖掘还是技术研发，亦或是应用落地，技术团队都扮演着非常重要的角色。以前面提到的玖富来说，虽然它只是一个业务型的金融平台，但风控人员和技术人员的数量都是比较多的，占比甚至已经超过 60%。

因此，一旦拥有了强大的技术实力，应用落地就是时间早晚的问题。

不难看出，"AI+客户服务"已经在很多方面（例如，快速高效、实时精准、稳定细致等）表现出非常明显的优势。此外，在智能化方面，玖富也已经形成了一套比较完整的逻辑。通过机器人客服提升客户转化，通过智能化营销吸引更多的新客户和潜在客户，通过多元化和个性化的服务增强客户黏性，从而打造一个全智能服务闭环。

总而言之，现在已经来到了一个 AI 无处不在的时代，无论是传统金融，还是互联网金融，都应该积极拥抱 AI。然而，在 AI 的助力下，让客户服务走在业务的前面，能尽力为客户创造更加完美的服务体验，也许才是客户管理及营销的高级手段。

6.3.5 智能金融保险

AI 诞生以来，金融保险行业迅速抓住机遇，运用科技加速商业落地，希望可以开启一个崭新的智能金融保险时代。整体来看，智能金融保险有三个优势：智能投保，便利快捷；智能承保，降低风险；自动化数据处理，快速进行理赔。

目前，国内知名的保险企业，也纷纷利用 AI，变革升级金融保险业态。智能金融保险的功能主要有以下四个方面，如图 6-9 所示。

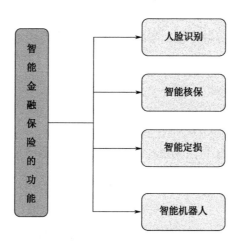

图 6-9　智能金融保险的功能

1. 人脸识别

弘康人寿率先将人脸识别技术应用于保险业务，借助 AI 视觉识别功能，可以高效识别用户的身份信息，从而替代人工认证，提高智能认证的效率。

如今，人脸识别技术已经在保险领域逐渐遍地开花，平安保险、泰康在线等也纷纷引入人脸识别技术，保证用户保险的安全。

2. 智能核保

智能核保是智能金融保险的一个特色功能，平安保险率先使用这一功能。智能核保主要通过电子问卷的形式，了解被保险人的身体健康状况，最终通过 AI 系统的智能审核，给出被保险人是否能够投保的核保结论。

3. 智能定损

智能定损是一种新型的功能，该功能的物质载体是智能化定损平台。平安产险借助这一平台，成功地推出了口袋理赔和小安指引等特色保险产品。

同时，智能化定损平台融合线上与线下，推出全新的理赔服务模式，使理赔服务便捷化、透明化。

4. 智能机器人

有名的智能机器人应该是由泰康在线研发的，它的名字是 TKer。TKer 于 2016 年问世，它有多元功能，例如，人脸识别、语音交互、保单查询、视频宣传、人机协同、业务办理等。而且，它还能够为用户提供血压测量、体温测量、脉搏测量等基础性健康服务。在不远的将来，TKer 必将取代人力，为更多的用户带来更便捷的保险服务。

虽然智能金融保险的应用能够变革保险业态，但是目前仍然存在三个方面的短板，如图 6-10 所示。

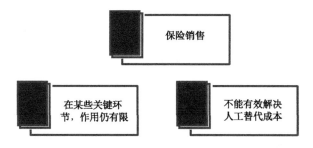

图 6-10　智能金融保险存在三个方面的短板

短板一：保险销售。

AI 在保险的线上销售方面和售后服务方面有着较强的应用。但是，保险业务最重要的销售环节是在线下。而线下 AI 的发展余地较小。因为保险销售非常注重人与人的交流，优秀的保险销售人员既要懂得销售领域的专业知识，还要察言观色，利用心理学知识和出众的口才说服客户。

保险销售的环节是一个非常发挥主观能动性的环节，仅凭 AI 保险机器人的使用，很难打动消费者，促使他们购买保险产品。

短板二：在某些关键环节，作用仍十分有限。

AI 虽然在某些保险产品的核保、核赔与在线客服领域有十分突出的作用，但是在涉及人寿保险，尤其是人寿保险的理赔问题时，一切并不简单，AI 往往会显得无能为力。

因为人寿保险涉及跨领域的知识，既包含专业的医疗诊断知识，又包括严谨的法律知识，同时也包含非常暧昧的伦理知识。对于人寿保险的理赔，更是需要经过不同专业人士的层层审核，细致讨论，才能够给出一个完美的解决方案。仅仅通过 AI 机器人不足以做出这么重大的决定。

短板三：不能有效降低人工成本。

本质上来讲，智能金融保险就是借助科技手段替代人工，提高工作效率，最终降低人力成本。虽然，目前智能金融保险已经在某些业务和管理上替代了人力，但是还没有能够解决人工替代成本高的问题。

智能金融保险存在优势能变革保险业态，同时也存在固有的短板。但是无论如何，智能金融保险的前途还是光明的。对于它的未来，保险行业应该保持乐观的态度。总体来说，智能金融保险有三大发展趋势，具体如下。

趋势一：AI 提出保险方案。

保险销售虽然涉及许多知识，但是知识并非很难理解。借助大数据技术，为 AI 输入相关的保险销售数据和知识，同时，利用深度学习技术，让 AI 自主学习这些知识，将会有效改善销售情况。

另外，有效提取线下保险销售的技巧，通过数据化形式，传输到 AI 的"大脑"。这样，AI 就能够提出合适的保险销售方案，以满足用户的多元需求。

例如，机器人会比保险销售人员更熟练地掌握 PPT 及电子支付技术，能更好地展开智能化服务。机器人拥有销售能力后，要胜于保险销售人员，而且还可以解决保险销售人员流动性大的问题。

趋势二：AI 成为智能保险管家。

从本质上来讲，AI 解决方案平台的推出能够有效处理保险各个环节的问题。例如，售前的文案设计、售中的营销方案设计，以及售后的理赔处理等。完善的功能及优质的服务使 AI 成为智能保险管家。

趋势三：AI 保险的互联网前景广阔。

AI 的核心目标是大幅提升保险服务的能力和水平，促进保险业的新升级与新发展。移动互联网时代，AI 可以拥有更多的保险数据和更先进的算法，这些技术能够促进保险业的更新迭代。

6.3.6 智能金融监管

AI 赋能金融监管，就是金融机构利用 AI 保证金融的安全性、规范性，最终目的是加强对金融工作的规划和协调，进一步节约金融监管的成本，提升监管的有效性，更有效地甄别、防范和化解各类金融风险，从而更好地为用户服务。

随着金融监管成本的进一步上升，世界各大银行都意识到，只有不断精简监管申报流程，才能够有效提高数据的精准性，进一步降低成本。例如，央行成立的金融科技委员会，就有利于进一步降低央行的金融监管合规成本。

央行科技司司长李伟提到："从监管角度看，运用大数据、云计算、人工智能等技术，能够很好地感知金融风险态势，提升监管数据收集、整合、共享的实时性，有效发现违规操作、高风险交易等潜在问题，提升风险识别的准确性和风险防范的有效性。从合规角度来看，金融机构采取对接和系统嵌套等方式，将规章制度、监管政策和合规要求翻译成数字协议，以自动化的方式来减少人工干预，以标准化方式来减少理解的歧义，更加高效、便捷、准确地操作和执行，有效地降低合规成本，提升合规的效率。"

金融监管合规领域的专业人士也普遍认为，AI 监管科技能够实时自动地分析各类金融数据，具备优化数据的处理能力，能够避免金融信息的不对称。同时，还能够帮助金融机构核查洗钱、信息披露及监管套利等违规行为，提高违规处罚的效率和力度。

AI 金融监管主要借助两种方式进行自我学习，分别是规则推理和案例推理，如图 6-11 所示。

图 6-11　AI 金融监管自我学习的方式

规则推理学习方式能够借助专家系统，反复模拟不同场景下的金融风险，更高效地识别系统性金融风险。

案例推理的学习方式，主要是利用深度学习技术，让 AI 金融系统自主学习过去存在的种种监管案例。通过智能的学习、消化、吸收和理解，AI 金融监管系统能够智能主动地对新的监管问题、风险状况进行评估和预防，最终给出最优的监管合规方案。

目前，AI 中的核心科技——机器学习技术，已经广泛应用于金融监管合规领域。目前，在这一领域，机器学习技术有三项落地化的应用，如图 6-12 所示。

图 6-12　机器学习技术在金融监管合规领域的三项应用

首先，机器学习技术能够应用于各项金融违规监管工作中。英国的科技企业 Intelligent Voice 研发出了基于机器学习技术的语音转录工具。这种工具能够高效、实时监控金融交易员的电话，可以在第一时间发现违规金融交易中的黑幕。

Intelligent Voice 主要把这种工具销售给各大银行，银行的金融违规监管也因此获得很大的受益。另外，其他一些专业的科技企业，如位于旧金山的 Kinetica，都能够为银行提供实时的金融风险敞口跟踪，从而保证金融操作的安全合规。

其次，机器学习技术能够智能评估信贷。

由于机器学习技术擅长智能化地提供金融决策，所以，能够在这一领域有很大的作用，例如，Zest Finance 企业基于机器学习技术，研发出了一款智能化的信贷审核工具。

这款工具能够对信贷用户的金融消费行为进行智能评估，并对用户的信用做出评分。这样，银行就能够更好地做出高收益的信贷决策，金融监管也会更加高效。

最后，机器学习技术还能够防范金融欺诈。

　　无论是面向支付业务的 Feedzai，还是面向保险业务的 Shift Technology 等初创型企业，亦或是像 IBM 这样的巨头企业，都在积极研发利用机器学习技术，防范各种金融欺诈行为。

　　如今，英国的一家企业 Monzo 建立了 AI 反欺诈模型，这一模型能够及时阻止金融诈骗者完成交易。这样的技术，对银行和用户都大有裨益。对于用户来讲，可以免于各种金融诈骗行为。对于银行来讲，金融监管合规的能力会得到进一步的优化和升级。

第 **7** 章

AI 赋能医疗：精确医治，健康无忧

在 AI 飞速发展的今天，医疗事业也取得了突飞猛进的发展。智能医疗已经不再是科幻片中的奇妙想象，而是发生在我们身边的真实场景。

在医院里有各式各样的机器人，有专为患者提供服务的服务机器人，有辅助医生治疗的医疗机器人，还有用于药物研发的智能机器人，它们会成为医生的得力助手，医患关系将会得到进一步的改善。

7.1 AI 医疗的应用场景

AI 为医疗的发展插上腾飞的翅膀，机器人能够帮助医生进行各类手术；大数据技术和深度学习技术助力精准医疗、辅助诊断和药物研发；机器视觉技术则能够高效处理医学影像，帮助医生更好地进行病情分析。

7.1.1 虚拟助理：医生、护士的好帮手

在武汉协和医院，每天忙忙碌碌的除了医生和护士以外，还有机器人大白。作为中

国第一个自主研发的机器人，大白拥有非常聪明的大脑，而且可以成为医生、护士的好帮手。

目前，武汉协和医院已经成功引进了两个大白（一个大白相当于 4 名配送人员），分别服务于外科楼的两层手术室，其主要工作是配送手术室的医疗耗材。

相关调查显示，大白的学名是智能医用物流机器人系统，长度为 0.79 米、宽度为 0.44 米、高度为 1.25 米、容积为 190 升，可以承担 200 公斤的重量。

在接到医疗耗材的申领指令以后，大白就会主动移动到仓库门前，等待仓库管理员确认身份，之后打开盛放医疗耗材的箱子，扫码核对，将医疗耗材拿出仓库。

然后，大白会根据之前已经学习过的地形图，把医疗耗材送到相应的手术室门口，护士只要扫描二维码就可以拿到。

大白把医疗耗材从库房配送到手术室，仅需要不到两分钟的时间，每天平均可以配送 140 次，所以能够使医疗机构的人力成本得以大幅度降低。

另外，大白还可以自己主动去充电，从充电开始到充电结束大约需要 5 小时。但充满电以后，大白只可以运行 2 小时，通常，为了让自己保持电量充足的状态，大白会经常到属于自己的角落充电。

相关数据显示，在观察阶段，大白一共配送了 422 次，避开行人 420 次，避开障碍物 414 次。实际上，对于大白来说，避开行人和障碍物并不是什么非常困难的事情，因为大白有一颗非常聪明的大脑。

这颗大脑可以帮助大白准确实现对医疗耗材的全过程管理（例如，入库、申领、出库、配送、使用记录等）。一方面，有利于对医疗耗材进行追根溯源；另一方面，有利于大幅度提高手术室内部的管理效能。

在配送白天的医疗耗材之后，大白还可以完成医疗耗材的使用分析和成本核算，并根据具体的手术类型，设定不同的医疗耗材使用占比指标，以此进行医疗耗材使用绩效评估，从而促进医疗耗材的合理使用，节约相关成本支出。

更重要的是，大白还可以使医疗物资管理变得更加有效，以便在降低运营成本的同时保障患者权益。

从目前的情况来看，像大白这样的医疗机器人还有很多，而这些医疗机器人也有着不同的功能，例如，可以帮助医生完成手术、回答患者问题、接受患者咨询等。

不过，即使如此，医疗机器人也不可能承担所有医疗工作，毕竟医生和护士始终都是医疗领域的核心，医疗机器人充其量只能算是一个辅助的工具。

以达·芬奇机器人为例，虽然 AI 程度已经非常高，也可以很好地完成手术，但依然离不开医生的操作。

7.1.2　医学影像：病灶识别与标注

在具体的诊断过程中，医生难免会由于身体疲惫等原因出现误诊的情况，这对医生和患者来讲，都会产生负面影响。AI 介入医学影像识别，将会减少这一情况的发生。

医学影像识别的工作原理如下：首先搜集大量的影像数据，然后进行深度学习，对医学影像特征进行感知，识别有效的信息，如此良性循环，最终拥有独立的诊断能力。当 AI 为医疗影像识别赋能时，医生就能够把更多的精力投入到更具有科研性的项目上，我们的医疗水平也会越来越高。

除此以外，AI 为医疗影像识别赋能还具备一些其他优势，例如，客观、高效率、低成本，这些优势能够帮助医生把更多的时间放在对症下药和协调医患关系的问题上。

AI 医学影像识别，按照应用领域可以分为以下四个门类，如图 7-1 所示。

图 7-1　AI 医疗影像识别的四种分类

放射类 AI 医疗影像识别类似于一个智能"情报部门"。借助射线成像原理与智能识别技术，能够快速发现病变情况，并且能快速标注病灶位置。

放疗类 AI 医疗影像识别类似于一个智能"战斗部门"。这种智能影像识别技术能够自动勾画病变细胞的靶区，并且精确度高。如此一来，医生就能够准确地进行放疗，快速杀死病变细胞，让患者快速恢复健康。

手术类 AI 医疗影像识别借助 3D 可视化技术，能够帮助医生快速进行手术前规划，这样，就能够有效提升手术的精确性，提升手术的效率，减少病人的痛苦。

病理类 AI 医疗影像识别借助数字化病理系统，能够智能做出病理诊断。与传统的医生读片与相关的实验诊断相比，这种方式更快捷，而且准确率也相当高。

对于 AI 医学影像识别技术，科大讯飞的董事长刘庆峰谈到："根据科大讯飞在安徽省立医院等三甲医院的测试结果，人工智能对肺结节的判断技术已经达到了三甲医院医生的平均水平。今后，随着该技术的不断进步，可以帮助医生更快、更准确地读片，从而大幅减轻医生的工作强度，提高诊断水平"。利用 AI 医学影像识别技术，科大讯飞可以成功识别肺结核疾病，而且还刷新了世界纪录，读片准确率高达 94.1%。

目前，AI 对肺病、皮肤病、胃癌、乳腺癌等病种的医学图像检测效率已经大大提高。而且在图像识别精度上，可以与专家相媲美，甚至可以超越权威医生的水平。

例如，在肺病检查领域，当面对超过 200 层的肺部 CT 扫描影像时，医生进行的人工筛查通常需要 20 分钟，但是在 AI 赋能的情况下，智能扫描机器的筛查时间只需要数十秒。

当然，AI 医学影像识别的能力还有待提高。市场上医学影像识别类的科技企业要取得更长远的发展，就需要与社会各界深入展开合作，如图 7-2 所示。

首先，要联系大医院，跟进小医院。

目前，我国大部分的医疗影像数据来源于大医院。医学影像类科技企业与这些大医院合作有两个方面的好处：第一，能够得到大量的脱敏数据和专业医生标注的高精准数据；第二，能够进一步打磨设备的使用场景，使自己的医学影像设备的实用性更强。

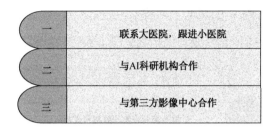

图 7-2　医学影像类 AI 企业的合作发展策略

而跟进小医院不仅有助于提升业绩，获得盈利，还能够进一步提高智能医疗影像设备的智能化水平。

其次，要与 AI 科研机构合作。

AI 科研机构有更广阔的研究方向，研究课题也比较新颖。另外，AI 科研机构专注于创造一个 AI 群。AI 群的覆盖范围较广泛，不仅包括基础设施，还包括服务应用和智能助理等，可以为社会各界人士提供诸多帮助。与这类机构合作，会产生新的灵感，使医疗影像设备更加实用。

最后，要与独立的第三方影像中心合作。

相比于三甲医院，第三方影像中心拥有自己的竞争优势。一方面，独立的第三方影像中心拥有更低廉的价格和更优质的服务；另一方面，第三方影像中心拥有更灵活和更及时的检查时间，能够为患者提供更多的服务，满足患者更多元的需求。

7.1.3　药物研发：提高研发效率

《纽约时报》的著名科技记者 John Markoff 曾经说过："AI 就像新榔头，每个领域都是颗钉子，都可以敲一下。"如今，AI 已经向药物领域进军，致力于用科技提高研发效率，造福人类。

在药物领域，进行药物研发是一件很困难的工作，主要体现在三个层面：第一，药物研发比较耗时，周期长；第二，药物研发的效率低；第三，药物研发的投资量大。

AI 药物研发是利用 AI 中的深度学习技术，通过大数据对药物成分进行分析，从而快速精确地筛选出适宜的化合物或其他药物分子。AI 药物研发有三个积极的效用，如图 7-3 所示。

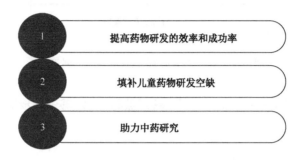

图 7-3　AI 药物研发的三个效用

1. 提高药物研发的效率和成功率

塔夫特药物发展研究中心的调查数据显示，一款新药从研发到面世，再到获得 FDA 批准的平均周期约 96.8 个月。同时，每年新药物的研发成本约为 16 亿美元，而且正以 33% 的速率在增长。由此可见，新药物的研发面临着发展的"瓶颈期"。

AI 的加入，让药物企业和药物研发人员看到了希望，他们也对药物研发的未来有了乐观的期待。

借助大数据与云计算技术及深度学习算法，能够从杂乱无序的海量信息中，获得有利于药物研发的知识。在此基础上，进一步提出新的药物研发假说，最终验证假说，加速新品药物研发的过程，提升新药研发的效率。

TechEmergence 的报告显示：AI 提高了新药研发的成功率，从原有的 12% 的成功率提升至 14% 的成功率，虽然仅有 2% 的增长，但是却能够节省许多研发资金，带来更大的经济效益与社会效益。

2. 填补儿童药物研发空缺

长久以来，市场上就缺乏儿童专用药，对患某些病症的儿童，医师提供的也是成人药品，只是儿童在服用时，需要特别提醒酌减使用。可是，酌减并没有统一的标准。

而一些儿童服用这些药物后，反而会出现严重的负作用，例如，身体的内分泌系统失调、性早熟及其他安全隐患等。

对于儿童服用成人药的危害，国家药物不良反应监测平台做了一次科学的调查。调查结果显示：我国儿童服用成人药的不良反应发生率为 12.9%，其中新生儿高达 24.4%。而且，我国每年约有 30 000 名儿童因服用成人药物导致耳聋，约有 7 000 名儿童因此死亡。

这是一组惊悚但又非常真实的数据，所以必须重视并深入进行儿童专用药物的研发。可是目前，中国只有 8 家企业专门生产儿童专用药品，这就不利于儿童药物的快速研发和批量生产。

AI 药物研发借助知识图谱技术，能够高效精准地获得来自实验室、医学期刊文献及临床的各类数据。通过智能分析技术，结合科学实验，就能够找到儿童药剂的准确用量，最终研发出适合儿童的专用药品。同时，大数据还能够有效分析出儿童最喜欢什么口味的药物。这样的分析能够为药物的研发提供好的思路。儿童再也不用担心"药苦"的问题了。

3. 助力中药研究

许多西方人和现在的年轻人不太相信中药，因为许多中药都没有明确标明具体的药理机制，以及相关的药理学原理，AI 的介入将会有效改变这一现状，同时也会促进中药的发展。

如今，医学专家借助深度学习与神经网络技术，能够将中成药中的所有化学物质分离出来，再经过一系列的化学实验和临床分析，就能够找到中药内真正有作用的化学物质。

这样，一方面可以为中药正名，另一方面也可以助力中药的批量研发。为了使 AI 药物研发更加高效和有质量保证，我们需要在以下四个方面做好把控，如图 7-4 所示。

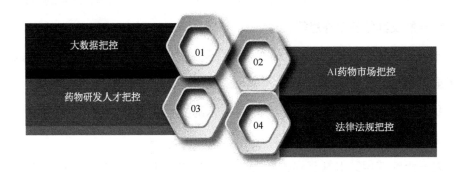

图 7-4　AI 药物研发需把控四个方面

首先，要做好大数据把控。

大数据是所有 AI 企业发展的基础，如果没有精确、高质、高量的大数据，一切都是妄谈。对于 AI 药物研发企业来讲，更需要做好数据积累，因为良好的数据库能够为药物的研发提供更加准确的药物学资料。当 AI 进行深度学习时，会取得更好的效果。

其次，要做好 AI 药物市场把控。

市场越大，产品研发效果才越强烈，有了好的市场前景，研发机构自然而然就会积极地进行 AI 药物的研发。

在培养新药物的市场时，需要积极通过新媒体渠道宣传，或者与权威医疗机构合作，这样新药物才会迅速在市场上获得积极反响。

再次，要积极培养 AI 药物研发人才。

目前，虽然 AI 专家不是很缺乏，但是 AI 药物研发的专业型人才还是稀缺，所以无论是从教育角度还是科学研究角度，都要积极培养这类人才。在培养的过程中，要给予充分的资金支持及人文关怀。这样，他们的研发动力就会更强。

最后，要重视法律法规的监管。

AI 制药仍处于初始阶段，相关法律法规尚不完善。而法律法规的完善还需要深入药物研发实践，第一时间发现 AI 药物研发中存在的种种有违道德、有违人伦与有违人体健康的行为，之后，立即高效展开行动，把一切打着人民的名义，背地里做有损人民利益的 AI 药物研发扼杀于摇篮之中。

7.1.4 辅助诊断：科学合理诊断

AI 在医疗辅助诊断方面有较强的功效。凭借强大的算法，AI 医疗辅助工具能够迅速收集海量的医学知识；凭借深度学习技术，能够在医学层面对海量的数据进行结构化或非结构化的处理。关于 AI 辅助诊断，IBM 的 CMO 周忆对此有着很精彩的阐释，她在名为《IBM，创造不一样的 AI》的主题演讲中提到："一个医生如果能够跟整个世界前沿发展齐头并进，必须每个月至少大概 5~10 小时的阅读时间，才能把最新医学文件通读，了解透，吃透。他只有 5~10 小时阅读，才能做到跟世界齐步，阅读时间差不多160 个小时，我们每个月 168 个小时。而我们所谓强大的认知系统，人工智能系统可以在 10 分钟内阅读完 2 000 万字医生文献，可以帮助医生分析数据，从中找出给病人的治疗方案。所有这些人工智能是完全可以做得到的。"

由此可见，AI 辅助诊断具有高效率和高精准性。目前，世界顶尖的互联网巨头，也纷纷在 AI 辅助诊断领域开疆拓土。Google 就是一个典型的案例，该企业成功地将自主研发的消费级机器学习技术应用到了医疗领域。借助这项技术，Google Brain 团队能够从数以万计的患者身上获取相关的数据。

同时，Google Brain 设置有名为 AI-first 的数据中心，这个数据中心有着强大的数据处理能力。而且在该数据中心，Google 可以高效处理海量的患者数据，通过精确的智能分析，辅助医生发现病因。目前，借助深度学习算法，Google 在糖尿病性视网膜病变的诊断精确率超过 90%。

微软也正向 AI 辅助诊断领域不断迈进，推出了名为 NEXT 的医疗计划。这项计划包含了两个重大的项目，分别是基因组学分析项目和健康聊天机器人项目。这两个项目都与 AI 医疗、云计算及深度学习密切相关。

AI 辅助诊断有很多典型的应用，例如，借助 AI 进行行为健康监测；借助 AI 打造健康分析平台；利用 AI 推出可穿戴设备，辅助患者康复；利用 AI 推出医学 SEO，为医生提供更多的临床文献和更多的病情分析。

在 AI 辅助诊断方面，典型的小企业就是 Buoy Health。Buoy Health 有一项很成功的应用，既能帮助医生，为医生提供更多的辅助资料，又能帮助患者，让患者能够以最快的速度了解自己的症状，并以最有效的方式解决自己的问题。

Buoy Health 推出了医学专用引擎，借助这份搜索引擎，医生能够通过 Buoy 的数据库查到 18 000 份临床文献和 17 000 余种病情，而且还可以参考超过 500 万人的患者样本数据。

对于普通患者来讲，借助 Buoy 数据库的层层筛选机制，他们能够在细分病症数据中，迅速找到自己的病症。之后，患者就可以在数据库中找到治疗病症的有效方法，或者从数据库中了解到与此疾病相关的并发症问题及其他相关问题。

在 AI 时代，人们对智能辅助医疗有着更高的需求，科研机构应该与医院强强联合，深入医学实践。根据患者的需求研发出更加智能的 AI 系统，从而更好地为患者服务。

7.1.5　疾病预测：预测癌症及白血病

2017 年，谷歌组织了一场针对乳腺癌诊断的人机大战，起因是这样的：谷歌、谷歌大脑、Verily 联合研发了一款可以用来诊断乳腺癌的 AI 产品。为了对该 AI 产品的诊断效果进行进一步考核,谷歌决定让其与一位具有多年经验的专业医生展开比拼。结果,那位具有多年经验的专业医生花费了 30 多个小时的时间,认真仔细地对 130 张切片进行了分析,但依然以 73.3%的准确率输给了准确率高达 88.5%的 AI 产品。毋庸置疑,在医疗领域,AI 正发挥着越来越重要的作用。

据 The Verge 的报道显示,北卡罗来纳大学的研究人员已经设计并研发出了一套可以预测自闭症的深度学习算法。这套算法会对脑部数据进行不断学习,并在此过程中自动判断大脑的生长速度是不是正常的,从而获得自闭症的早期线索。

这样,医生就可以在自闭症症状出现之前开始介入治疗,而不需要等到确诊之后再开始治疗。而且,与后者相比的话,前者的治疗效果要更好,毕竟确诊前才是大脑具有可塑性的阶段。

当然,除了北卡罗来纳大学以外,还有很多大学也开始在 AI 领域布局发展。以斯坦福大学为例,他们设计并研发了一种机器学习算法,这种算法可以直接通过照片诊断皮肤癌。出乎意料的是,其诊断效果甚至打败了具有丰富经验的皮肤科医生。

不单单在深度学习算法、机器学习算法等技术方面,在护理方面,AI 似乎也可以取得非常不错的效果。加州大学洛杉矶分校介入放射学的研究者们借助 AI 的力量,开发出了一个介入放射学科的智能医疗助手。该助手可以与医生展开深度交流,而且可以对一些比较常见的医疗问题,在第一时间给出具有医学依据的回答。这个助手会让医疗机构里的每一个人获得利益。

例如,医生可以把电话沟通的时间节省下来,用到照顾患者上面;护士可以更迅速、更方便地获得医疗信息;患者可以更加准确地掌握与治疗有关的情况,并接受更高水平的治疗与护理。

可见,无论是在预测疾病方面,还是在诊断疾病方面,AI 都扮演着非常重要的角色。也正是因为如此,在面对疾病的时候,医生、护士、患者都可以表现得比之前更加从容、淡定。更重要的是,疾病的治愈率也有了一定程度的提升。

7.2 AI 医疗典型案例

近年来，AI 在医疗领域的应用越来越多，甚至还有专家提出，"尽管智能客服和智能投顾非常火热，但 AI 可能会在医疗领域率先落地"。

一方面，深度学习、图像识别、神经网络等技术的突破使 AI 获得了新一轮的发展，推动了医疗领域与 AI 的进一步融合；另一方面，社会逐渐进步、健康意识愈发强烈、人口老龄化问题不断加剧，对医疗领域提出了更高的要求。

7.2.1 IBM Watson：不止于人工智能

2016 年 12 月，在浙江省中医院院内，浙江省中医院沃森联合会诊中心正式宣布成立。这一会诊中心的成立有着十分重要的意义，主要体现在以下两个方面。

1．这在一定程度上表示，中国医疗领域将会实现真正意义上的 AI 辅助诊疗，从而进一步促进中国医疗事业的精准化、规范化、个性化。

2．联合成立方思创医惠、杭州认知网络，与浙江省中医院进行长期合作，而合作方向则是 IBM Watson for Oncology 的服务内容。值得注意的是，这是自 IBM Watson for Oncology 引入中国以来，在医疗领域的正式落地。

从成立开始，Watson 就对医疗领域展开了十分猛烈的"攻击"，而且受到了非常广泛的关注。相关数据显示，Watson 可以在 10 分钟内对 20 万份医学文献、论文和病理进行仔细阅读和深度剖析，同时还可以辅助医生为患者制订个性化的治疗方案。要知道，这不仅有利于大幅度减少医生的诊疗时间，还有利于进一步降低医生的出错概率。另外，据 IBM 提供的资料显示，Watson 具有非常强大的软硬件支持，具体包括以下四种，如图 7-5 所示。

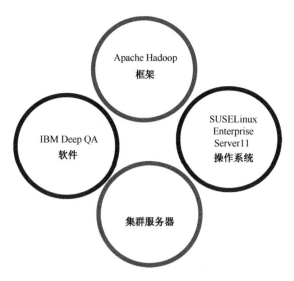

图 7-5　Watson 的软硬件支持

其中，在 Apache Hadoop 框架、IBM Deep QA 软件、SUSELinux Enterprise Server11 操作系统的助力下，Watson 的"理解＋推理＋学习"三大基础能力便可以很好地得以实现，进而得以与医生的一般诊断模型融合在一起，形成 Watson 在提供辅助诊疗时的处理逻辑。

而集群服务器则是由近 100 台 IBM Power750 服务器组成的，可以在很大程度上保证 Watson 的运算能力。具体来说，只需 1 秒的时间，Watson 便可以处理 500GB 的数据，要知道，500GB 的数据内容与 100 万本书相差无几。

Watson 通过美国职业医师资格考试以后，被引进到多家美国的医疗机构当中。随后，Watson 的发展进程又有了新的突破，例如，进军中国医疗领域、收购专业子企业、成立医学影像协作计划、推出肿瘤基因组测序服务、开发白内障手术 App 等。目前，Watson 已经能够为肺癌、乳腺癌、直肠癌、结肠癌、胃癌、宫颈癌等 6 种癌症提供相应咨询。

由此可见，IBM 一直在"AI＋医疗"方面积极布局，而且除了 Watson 以外，还取得了很多非常不错的成果。未来，无论是 IBM，还是以 Watson 为代表的 AI 产品，都将有非常不错的发展，这是非常值得期待的。

7.2.2　手术机器人：达·芬奇手术系统

1999 年，直观外科手术企业研发出了一款机器人手术系统，并且获得了欧洲 CE 市场认证。这款机器人手术系统名为达·芬奇，是世界上第一台真正意义上的手术机器人。

2000 年 7 月，达·芬奇又获得了美国食品药品监督管理局（FDA）市场认证，从而成为世界上第一款可以正式在手术室中使用的机器人手术系统。

有了达·芬奇以后，外科医生就可以采用微创的方法进行比较复杂的外科手术。要想很好地控制达·芬奇及其上的三维高清内窥镜，医生需要坐在控制台中，远离手术室无菌区，同时还要使用双手操作两个主控制器，使用双脚操作脚踏板。

在进行某些传统手术，例如，腹腔镜手术的时候，医生通常需要长时间保持站立状态，而且手里还要拿着没有手腕的长柄工具，到附近的一个二维屏幕上观察目标解剖图像，同时还需要一名助手来正确地放置探头。

然而，达·芬奇不仅允许医生坐在控制台进行操作，还允许医生通过眼睛和双手来控制其上的相关设备。另外，达·芬奇可以提供非常精准的可视化图像，其独特的灵巧性、舒适性、准确性，让医生可以在获得最优体验的同时进行微创手术。

不仅如此，达·芬奇还可以让接受手术的患者感受微创手术的潜在好处，具体包括非常轻微的痛苦、极少的失血量、最低化的输血需要。当然，在达·芬奇的助力下，患者的住院时间也可以大幅缩短，从而使患者尽快恢复正常的日常活动。

早期，食品药品监督管理局批准将达·芬奇应用到某些手术中，例如，非心血管疾病的胸腔镜手术、泌尿手术、妇科腹腔镜手术、腹腔镜手术、胸腔镜辅助心内手术等。与此同时，食品药品监督管理局还批准了达·芬奇用于心脏血运重建、辅助纵隔切开术、冠状动脉吻合手术。

从目前的情况来看，除了上述提到的那些，达·芬奇手术系统还可以成功地应用到以下几类手术当中。

1．根治性前列腺切除术、输尿管膀胱再植术、膀胱切除术、肾切除、肾盂成形术。

2．骶骨阴道固定术、子宫切除术、子宫肌瘤剔除术。

3．食管裂孔疝修补术。

4．心脏组织消融、乳腺内动脉动员。

5．胃旁路术、Nissen 胃底折叠术、Heller 术、脾切除术、肠切除术、胆囊切除术、保留脾脏胰体尾切除术。

不过，必须知道的是，使用达·芬奇的费用是非常高昂的。相关数据显示，达·芬奇的售价在 200 万美元左右，每年的维护成本更是已经超过了 10 万美元。另外，达·芬奇的"手臂"只有 10 次"存活"的机会（在使用 10 次以后，装在机械臂远端的手术器械就需要进行更换），而这些也是限制达·芬奇普及和发展的主要因素。

2001 年，全球远程手术里程碑——林德伯格行动正式展开。在该行动中，达·芬奇发挥了异常重要的作用。通过高速光纤和宙斯遥控装置，Marescaux 医生和一个来自 IRCAD 团队，顺利完成了历史上第一台横跨大西洋的手术，这也就表示，有了达·芬奇以后，医生可以对另一个国家的患者施行远程手术。

一直以来，全球医疗资源就处于一个比较失衡的状态。如果远程医疗真的可以成为现实并逐渐普及，对于医疗资源匮乏的国家来说，这无疑是一件非常有益的事情。

未来，像达·芬奇这样的 AI 医疗产品还会越来越多，而医疗领域所面临的挑战和困难则会越来越少。

7.2.3　百度医疗大脑：与患者深入交流

百度医疗大脑是百度在"AI+医疗"方面的重大成果，它致力于将相关技术（例如，自然语言处理、深度学习等）加入医生的问诊过程当中，主要目的是提高医生的问诊效率和问诊质量，进而推动中国医疗事业的良好发展。

自从推出百度医疗大脑以后，百度医疗就不再像之前那样只是一个医疗数据库，而是变成了可以参与诊断过程的 AI 产品。通过对各种各样的医疗数据、专业文献进行采集与分析，百度医疗大脑不仅可以实现产品设计的智能化，还可以模拟医生的问诊过程，与患者进行深入交流，然后再根据患者的实际情况给出合理的意见和建议。

实际上，早在 2014 年的百度世界大会上，百度医疗就已经宣布要推出百度医疗大脑。随后，百度又上线了一系列 AI 医疗产品，例如，百度医图、百度医生、百度医疗直达号、百度医学等，推出这些产品的主要目的就是为医生和患者提供资料搜索、在线咨询等服务。2016 年，百度医疗大脑正式推出，好评不断。

可见，从最开始的搜索咨询一直到现在，百度医疗经历了"连接医患（医生与患者）与信息"到"连接医患与服务"再到"连接医患与 AI"的转变。

对此，百度总裁张亚勤指出，百度研究 AI 的目的不仅仅是为了相关机构和企业的技术升级，更是要将科技成果普及给普通大众，获得智能化、高效化、便捷化的生活体验。

另外，在解释百度医疗大脑的工作原理时，百度 AI 首席科学家吴恩达说："'百度医疗大脑'主要运用了深度学习和自然语言处理技术。百度会将自己在搜索引擎、百度医疗等平台上搜集的海量数据提供给医疗大脑的深度学习模型，并让模型分析这些医疗文本和图像数据，这将让医疗大脑的深度学习模型更加智能。"

百度是中国最大的一个搜索引擎网站，同时也是很多人在网上寻医问药的首要选择，也正是因为这样，百度才获得了各种各样的数据。

百度提供的数据显示，每天，在百度上搜索"医疗机构相关"信息的人数已经超过了 300 万人次，搜索"疾病相关"信息的人数也已经超过了 1500 万人次，搜索"医疗健康"类信息的人数更是高达 5 400 万人次以上。

当一个患者想要通过百度医疗大脑完成问诊的时候，必须遵循以下几个步骤。

1．通过手机、电脑等电子设备登入百度医疗大脑，按照自己的实际情况手动选择对应的科室。

2．百度医疗大脑会根据患者的实际情况向其询问一些问题，并根据患者的回答询问更深层次的问题。

3．百度医疗大脑会结合自己的医疗文献数据库为患者提供合理的诊断建议，如果出现比较复杂的疾病，百度医疗大脑会将患者直接转给医生。

在这一问诊过程当中，关键的一项技术应该是自然语言处理。通过该项技术，百度医疗大脑可以将患者输入的通俗语言与专业医疗术语连接起来。

据吴恩达透露，将医疗与 AI 融合到一起是他一直以来的梦想。"我的爸爸是一名医生，在我 15 岁的时候，我爸爸就曾经尝试编写一些人工智能程序来帮助他问诊。后来我在香港的诊所里也观察过医生的问诊过程，那时我就想怎么利用人工智能提高问诊效率。那还是二三十年前的事情，我相信人工智能技术在不远的未来能帮助人们实现这一过程。"

正如吴恩达所说，在不久的将来，AI 会辅助医生完成问诊，从而大幅度提高问诊效率。到了那个时候，不仅问诊效率会大幅提高，问诊的精确度、整体质量也会大幅提高，而这些当然也离不开百度医疗大脑等 AI 医疗产品的支持和帮助。

7.2.4　腾讯觅影：用于食管癌、肺癌等癌症的早期筛查

相关数据显示，90%左右的医疗数据都来自于医学影像，而且中国医学影像数据还正以 30%的增长率逐年增长。不过，影像科医生的整体数量和工作效率似乎根本没有办法应对这样的增长趋势，而影像科医生也因此面临着巨大的压力。

另外，绝大部分医学影像数据仍然需要人工分析，这种方式存在着比较明显的弊端，例如，精准度低、容易造成失误等。自从以 AI 为基础的腾讯觅影出现以后，这些弊端

就可以被解决。

腾讯最开始推出腾讯觅影的时候，腾讯觅影还只可以对食道癌进行早期筛查，但发展到现在，已经可以对多种癌症（例如，乳腺癌、结肠癌、肺癌、胃癌等）进行早期筛查。

从临床上来看，腾讯觅影的敏感度已经超过了 85%，识别准确率也达到 90%，特异度更是高达 99%。不仅如此，只需要几秒钟的时间，腾讯觅影就可以帮医生"看"一张影像图，在这一过程中，腾讯觅影不仅可以自动识别并定位疾病根源，还会提醒医生对可疑影像图进行复审。

国家消化病临床医学研究中心柏愚教授曾说："从消化道疾病来看，我国的食管胃肠癌诊断率低于 15%；与日韩胃肠癌五年生存率达到 60% 至 70% 的数据相比，我国五年生存率仅为 30% 至 50%。提高我国的胃肠癌早诊早治率，每年可减少数十万例的晚期病例。"他同时还表示，AI 有利于帮助医生更好地对疾病进行预测和判断，从而提高医生的工作效率，减少医疗资源的浪费，更重要的是，还可以将之前的经验总结起来提升医生治疗疾病的能力。

此外，中国医学科学院、北京协和医学院肿瘤研究所流行病学研究室主任乔友林说："现在有很多平台在做医疗 AI，但拼的就是能否得到医学高质量、金标准的素材，而不是有了成千上万的片子，就能得到正确的答案。"

的确，医学是具备标准的，但有的时候，AI 会因为一些低质量的素材而远离标准，在这种情况下，能不能提供高质量的素材让 AI 学习成为了一个非常关键的问题。在全产业链合作方面，腾讯觅影已经与中国多家三甲医院建立了 AI 医学实验室，而那些具有丰富经验的医生和 AI 专家也联合起来，共同推进 AI 在医疗领域的真正落地。

乔友林介绍，目前，AI 需要攻克的一个最大难点就是从辅助诊断到应用于精准医疗。"举个例子，宫颈癌筛查的刮片，如果采样没有采好，最后可能误诊。采用 AI 之后，就能够把整个图像全部进行分析，迅速判断是或不是。但具体到癌症的定级还有一段路要走。医学有很多非常困难的'灰色地带'、似是而非的地方。我们把宫颈癌分为五个级别，如何让 AI 准确定级是关键。"

　　由此可见，在医疗领域，AI 还有很大的提升空间，但这并不会影响 AI 已经发挥出来的强大作用。而且能够预见的是，未来，越来越多的医疗机构将引入腾讯觅影这样的 AI 产品，从而使自己的智能化程度得以进一步提升。

第 **8** 章

AI 赋能教育：智能教育成为新风尚

《新一代人工智能发展规划》明确提出，"要在中小学阶段设置人工智能相关课程，逐步推广编程教育；利用智能技术加快推动人才培养模式，教学方法改革，构建包含智能学习、交互式学习的新型教育体系；开展智能校园建设……"。

可以说，"AI+教育"已经不仅仅只存在于想像当中，而且已经成了正在到来的现实。在这样的背景下，智能教育顺势成为新观点、新风尚，获得了大量的关注。

8.1 AI 赋能教学，彰显教育科技美

AI 赋能教学，市场前景无限广阔，但前提是这个赋能必须与教学场景结合，并找到合适的结合方法，否则一切都是空谈，甚至是背向而驰的。

AI 时代，社会需要的是科技水平高、人文素养高、创新能力强的人才，传统的应试教育无法做到这一点。AI 的赋能，将会使老师教得更好，学生学得更有兴趣，达到教学相长的完美境界。

8.1.1　大数据技术：塑造新型教育模式

在教育过程当中，形成教与学之间的反馈闭环是一个非常关键的环节，从知识的讲授，到获得学生的反馈，再到个性化布置作业，都在这个反馈闭环中得以实现。不过，必须承认的是，如果师生比过于不协调的话，这个反馈闭环就很难有效实施。

当然，这也是为何学生会经常有这样的抱怨：这个知识点我已经完全理解了，可老师还在重复地讲，简直就是在浪费时间；这个知识点我根本没有理解，老师就已经开始讲授下一个知识点了……而每每此时，个性化教育便成为一种遗憾。

那么，怎样才可以让个性化成为可能呢？随着科学技术的不断进步，大数据似乎能发挥非常重要的作用。现在，为了进一步促进大数据与个性化教育的融合，出现了很多大数据精准教学服务平台，极课大数据就是其中一个经典范例。

极课大数据的首席执行官李可佳明确指出，极课大数据的主要目标是在当前大班教学的传统环境下实现个性化教育，争取使广大教师得到解放，以便去做一些更有价值、更有创造性的工作。另外，极课大数据也非常关注校园场景下的数据获取和效率提升。

因此，极课大数据坚持从校内的教学环节入手，既不改变教师的教学流程，也不延长学生的学习时间，不仅采集到了教学环节中的所有数据，而且还会在这些数据的基础上生成数据报告，并在第一时间反馈给教师。

在这种情况下，教师就可以及时调整自己的教学节奏和方向，从而大幅度提升教学效果和教学效率。

与此同时，为了实现真正意义上的个性化教育，极课大数据还推出了以教育智能为核心的超级老师计划，并致力于打造在算法和海量数据训练基础上的自适应学习引擎。组成该学习引擎的两个核心是以关系和行为数据为基础的知识图谱和标准化的全量题库。

可见，有了大数据的支持，教师的教学将不再像之前那样盲目，而是变得更加有针对性。这不仅有利于教学效率的提升，还有利于学生的不断进步，以及中国教育事业的不断发展。

8.1.2　数据挖掘技术：因材施教，个性智能

以前，只要是拥有专业技术人才的团队，基本上在技术上不会存在太大的瓶颈，如今，大数据资源的完善与否，才是行业和企业发展好坏的关键壁垒。

在教育领域，同样如此，只有我们拥有契合使用场景的数据，才能够通过云计算进行深度挖掘，才能分析出学生的优缺点，从而为学生提供更加适宜的教学方法。

智能化的教育教学，离不开精准有效的大数据的支撑，精准有效的大数据有三个显著优点，如图 8-1 所示。

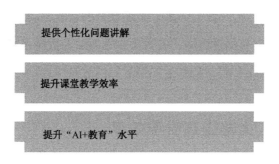

提供个性化问题讲解

提升课堂教学效率

提升"AI+教育"水平

图 8-1　精准有效的大数据的三个显著优点

第一，提供个性化问题讲解。

利用精准有效的大数据，可以针对学生的特点进行个性化教学，进而完成更高效的培优补差工作，最终辅助老师实现精准化、智能化、个性化的教学。

第二，提升课堂教学效率。

精准有效的大数据能够为老师的备课提供科学的依据，从而做到备课有方、上课有序、课后完善。学生的学习效果更好。

第三，提升"AI+教育"水平。

在精准的数据应用中，会不断地进行数据的迭代，从而不断产生新的、具体的数据信息。如此良性循环，我们的智能化水平则会更高。最终不断提升"AI+教育"水平。

然而，我们不得不承认，目前人工智能在大数据领域还存在较大的瓶颈，无法达到最佳的效果，主要原因有以下两个方面。

1．大多数产品的大数据基数不足，导致分析结果不理想。

2．一些企业存在虚假宣传现象，导致数据造假。

另外，很多教育机构不能在现有的数据分析基础上，生产更高质量的产品。同时，优质内容的缺失无疑会导致产品的同质化。

那么，既然存在这么多的问题，在教育领域，我们又该如何谋求产品的智能化呢？第一，必须切入教育的刚需之中，挖掘更加真实的数据，从而解决学生的问题。第二，要在精准数据的基础上，提高课堂效率，实现教育的智能化。

综上，在 AI 助力教育的进程中，教育类企业要对大数据信息进行深度挖掘，分析学生的优缺点，从而培优补差，给学生带来更好的教育！

8.1.3　NPL：大幅提高讲课效率

前面已经说过，随着 AI 的不断发展，NPL 的能力也越来越强大。在教育领域，借助 NPL，教学语言转化为文字已经成为可能，具体来说，就是教师的讲解话语，可以被自动识别并转化为板书。

科大讯飞是国内一家顶级的科技企业，为 NPL 的提升做出了巨大贡献，而且自 AI 出现并兴起以来，科大讯飞就一直致力于 NPL 的研发与创新。发展到现在，科大讯飞已经让 NPL 实现了多方面的突破，其中明显的就是语音识别能力与语义理解能力的提高，而这也在一定程度上为语音教学、语音测试等教学活动提供了技术支撑。

那么，除了上面提到的提升教学效率以外，在教育领域，科大讯飞引以为豪的 NPL 还可以带来什么效果呢？可以从以下两个方面（参见图 8-2）进行说明。

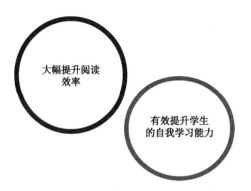

图 8-2　NPL 为教育领域带来的双重效果

1. 大幅提升阅读效率

将 NPL 融入教学中，借助强大的语音识别和智能的语义分析，可以大幅度提升学生的阅读能力和阅读效率。另外，通过采取分级阅读的措施，为 AI 产品及算法制定严苛的标准，并为学生及阅读素材划分严格的等级。这样的话，学生的阅读就会更加科学，也更加合理，从而在很大程度上减少了阅读时间的浪费。

2. 有效提升学生的自我学习能力

将 NPL 融入自然实践当中，可以指导学生更好地完成实践。拿物理实验来说，以 NPL 为核心的系统可以自动为学生讲解物理实验的操作步骤，而学生则可以在此基础上完成相应的操作。这不仅可以加深学生对物理实验的理解，还可以提升学生的自我学习能力，真可谓一举两得。

综上所述，在教育领域，NPL 有着非常独特的效果。一方面，可以将语言转化为文字，从而进一步提升教师的讲课效率；另一方面，还可以提升学生的阅读效率及自我学习能力。无论是对于教师还是学生来说，这都是大有裨益的。

8.1.4　语音语义技术：提高效率，助力教学

人工智能专家李飞飞曾经这样谈及 AI："人工智能的历史时刻就是走出实验室进入产业应用。"确实，如果 AI 一直停留在科技的象牙塔中，不被应用，那么迟早也会枯朽，不会有任何价值。

如今，语音交互技术、增强现实技术（AR）及人脸识别技术都取得了非凡的成就。其中，语音交互技术的应用更是极其广泛。无论是智能手机的语音搜索功能，还是智能音箱的智能家居管理功能，都取得了长足的发展和不错的现实场景应用。

在教育领域，语音交互技术也将会有更大的突破，例如，老师的讲解可以自动被识别，转化成对应的话语，这样就会大大提高上课的效率。此外，老师也不需要再借助粉笔或者白板笔等较为传统的工具进行书写，这样的话，老师就可以讲解更多、更有趣的知识，学生们也会因此获得更丰富、更有价值的内容。

现在，语音交互技术的语音识别能力与语义理解能力也有了很大提高，例如，在情感层面、节奏停顿层面及耐听性层面都实现了巨大的突破，听起来十分自然，与人声非常接近，这就为语音教学及语音测试等教学活动提供了强大的技术支撑。

具体来讲，语音交互技术在教学层面有两个强大的效果，如图 8-3 所示。

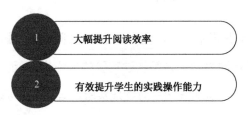

图 8-3　教学领域语音交互技术的双重效果

1. 大幅提升阅读效率

把 AI 科技融入语言教育中，通过强大的语音识别和智能的语义分析，能够使学生

的阅读能力大幅提升。

语音系统采取分级阅读措施，给 AI 机器及算法制定严苛的标准，对学生及阅读素材制定严格的等级划分，这样学生的阅读就会更具科学性，能够更快地完成阅读。

2. 有效提升学生的实践操作能力

语音技术融入自然实践中，可以为学生的学习提供具体的操作步骤，尤其在一些理科类的学科当中，有着明显的效果。例如，语音系统可以智能地为学生讲解实验的操作步骤，学生可以根据指导完成相应的操作。一方面提高了动手操作能力，另一方面也加深了对实验内容的理解，提升了自我的学习力，可谓一举两得。

综上，语音语义技术在教学领域会有着独特的效果，不仅可以将语言转化为文字，提升学习效率，还可以提升学生的阅读能力及实践操作能力，这些能力对于学生的长久发展非常有益。

8.1.5 图像识别技术：检测学生注意力

图像识别技术作为 AI 发展的新产物，已经引起了举世瞩目。从亚马逊的无人超市到苹果的人脸识别解锁手机屏，人脸识别总是能够给我们带来惊艳的效果。

图像识别技术能否应用到教育领域呢？它又能够给我们的教学带来什么样的效果呢？众多教育机构都在不断地进行尝试。好未来教育率先将图像识别技术应用于教学领域，而且取得了很好的成效，他们推出的魔镜系统，引发了广泛关注。

童话故事中，有一个恶毒的皇后，但是她却有一面神奇的魔镜，她要是对魔镜讲："魔镜魔镜，告诉我谁是世界上最漂亮的女人？"魔镜就会告诉她相应的答案。

好未来的魔镜系统也有着类似的效果。在好未来，老师如果向魔镜系统提问，"魔镜魔镜告诉我，谁是我们班里学习最认真的孩子？"魔镜系统就会把最认真的学生挑选出来，而且会把全班同学的专注程度，按照由高到低的顺序依次展示出来。如此神奇的科技，自然离不开 AI 的协助。

魔镜系统基于 AI，能够通过超清晰的摄像头捕捉学生上课的一举一动，例如，捕捉孩子的举手投足的任何一个细节、喜怒哀乐的任何一个表情。

该系统不仅仅能够捕捉这些状态及情绪，而且能够通过数据的积累，生成属于每一位学生的、个性化的学习报告。通过这份学习报告，老师能够随时掌握课堂的整个动态，从而根据状况及时调整教学的方式和节奏。

同时，老师又能够给予每一个学生充分的关注，从而了解每一位学生的学习特点，这样在进行一对一辅导的时候，也会更加具有针对性。学生的学习劲头十足，学习效率也自然而然会有所提升，从而达到教育的个性化和人性化。

魔镜系统的功能当然不止于此，它能够根据学生的上课情况，判断学生对知识的理解程度，然后再智能化地为学生布置相应的习题。这样就很符合因材施教的教育理念，通过差异化的作业布置，学生的学习成绩也自然会节节攀升。

魔镜系统难能可贵之处在于能尊重学生的隐私，充分展现教育的人性化特点。所有的魔镜系统都是低调地隐藏在各个场景背后，它们相当于潜伏在教室角落里的侦探，在暗地里察觉学生的举动。这样做的好处是，不会改变学生以前的学习习惯，不会让学生因置身于高科技的镜头下，感到紧张与不知所措。

综上，把图像识别技术应用于教学领域，必将开启奇妙的教学之旅。虽然目前仍然在试点阶段，只有少数教育机构引入了这项技术，但是在不远的将来，这项技术也一定会在普通校园落地，更多的学生将会享受由它带来的好处。

8.1.6　知识图谱技术：科学规划学习任务

AI 已经渗透到生活、工作的方方面面，如果我们不提高自我能力，制订相应的学习计划，那么我们终将被时代淘汰出局。制订学习计划的方法很多，制作知识图谱，就是很有效的一个。

在过去，在知识传播、信息传播不是很迅速的年代，我们通过自建知识图谱，就能够很快地掌握一门较为封闭的知识。可是随着全球化的深入，知识经济时代的来临，仅凭我们个人的脑力去建立一个完善的知识图谱，就不再是一件很容易的事情了。

在现代，知识图谱的构建者不是我们人类，而是有超强运算能力的计算机。知识图谱在本质上是一个关系链，是把两个或多个孤单的数据联系在一起，最终形成一个数据的关系链。当然在构建过程中，会用到很多算法。例如，神经网络算法、深度学习等。一般来讲，知识图谱可以分为两种，如图 8-4 所示。

图 8-4　知识图谱的两种类型

知识图谱的构建还是越全面越好。一个优秀的知识图谱，必然包含优秀的常识知识，同时又涉及逻辑丰富、有深度的专业知识。这样的构建就相当于有理有据的议论文，也有利于机器对知识图谱的理解，从而最终理解我们用户的需求。

只有把我们的自然语言映射到相关的知识图谱上，机器才能够理解我们的自然语言，执行相应的命令。例如，你对着智能手机的语音系统讲"给我设置一个闹钟"，它就会直接进行相应的操作，这些都是知识图谱构建后的结果。

由此可见，知识图谱的构建对于机器学习的重要性。如今，知识图谱的构建还处于初级阶段，人工智能只能够做到简单的理解，在推理及决策能力上，还有很大的不足。当然，这也意味着人工智能还有更广阔的发展空间。

只有用 AI 为知识图谱赋能，机器才能更好地理解我们的世界，同时，功能强大的人工智能产品的问世也会进一步提升我们的产品，让我们的生活也因科技而更加精彩。

在教育领域，制作知识图谱，必然会为学生带来更加体系化、多元化的知识，学生的眼界才能够跟得上时代的潮流，做到与时俱进。而学生根据知识图谱的智能推荐，可以有效地制订自己的学习计划，这样才会觉得时间被有效利用，而不是虚度光阴，而且还可以享受学习的充实感和生活的愉悦感。

那么，在 AI 时代，如何构建知识图谱呢？我们需要遵循以下三个步骤，如图 8-5 所示。

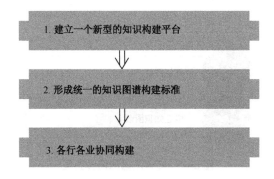

图 8-5　构建知识图谱的三部曲

1. 建立一个新型的知识构建平台。

这是一个新型的知识平台，其实也是一个全新的知识生态系统。在这个平台上，大家都能根据自己的知识为知识图谱添枝加叶。无论你提供的是常识性知识，还是专业性知识，最终汇聚起来的力量必然是巨大的。

2. 形成统一的知识图谱构建标准。

任何事情的发展都讲究规矩。所谓"无规矩不成方圆"，只有建立了统一化的构建标准，知识图谱的构建才会获得又好又快的发展。

3．各行各业协同构建。

在如今这个共享经济时代，只有懂得分享合作，才能取得共赢。知识图谱的构建在本质上也不是难事，是需要各行各业的人士共同出谋划策才能完成的。如果大家都能有一颗开放的心胸，乐于分享知识，那么知识图谱必然也会越建越宏伟。

综上所述，知识图谱的完善程度是人工智能发展的一个关键要素，我们需要协同各方力量共同构建知识图谱，为我们的教育事业服务，进而推动教育事业的进步。

8.2　AI 教育的商业前景与案例

最近几年，早教智能机器人、双师课堂等都获得了很好的发展，这些都是 AI 教育的代表性案例。可以说，当代表性案例变得越来越多的时候，AI 教育的智能化和商业前景将提升到一个全新的水平，而这也会推动中国教育事业不断发展。

8.2.1　早教智能机器人立足蓝海市场

现在，绝大多数父母都忙于工作生活，没有充足的时间陪伴和教育自己的孩子，于是，电子产品便成为很好的替代品。

但必须承认的是，孩子从很小的时候就接触电子产品并不是一件好事情，这对孩子的成长并没有太多益处，反而还会影响孩子的身心健康。因此，对于广大父母来说，找到一个可以替代自己的替代品绝对是当务之急。

最近几年，随着 AI 技术不断发展，很多父母对启蒙早教非常重视，各种各样的早教智能机器人也应运而生，市场顿时变得异常火爆。但是，大多数早教智能机器人更像智能玩具，只可以提供智能对话等常规功能，而对于更加高级的人机互动、想像力塑造、德智体美全方面引导，则显得无能为力。

深受父母和孩子喜爱的布丁豆豆似乎是其中的一个异类。布丁豆豆是由 ROOBO 旗下的布丁机器人团队研发的，要知道，ROOBO 可谓是 AI 竖立在领域的一大标杆，其为布丁豆豆提供了强大的背景保障。

与别的早教智能机器人有所不同，布丁豆豆依托于"AI＋OS"机器人系统的技术优势，让孩子真正体会到有形之爱。只要是孩子提出的问题，布丁豆豆都可以亲切回答。而且，作为一个合格的早教智能机器人，当父母忙于工作和生活的时候，布丁豆豆完全可以担负起教育和陪伴孩子的重任。

此外，布丁豆豆的造型也非常具有吸引力，深受孩子的喜爱，如图 8-6 所示。

图 8-6　布丁豆豆早教智能机器人

由图 8-6 可以看出，布丁豆豆采用先进的流体曲线设计，同时还选择了充满未来感的鸡蛋形状，以及充满生命感的绿色外壳。而且为了更加贴合孩子的天性和特征，布丁豆豆还专门采取了交互设计。

可以说，对于孩子而言，布丁豆豆不单单只是一个没有任何感情的机器人，因为当孩子抚摸它时，它会害羞的笑；当孩子抱起它的时候，他又会开心地抖动身体，俨然就是一个真实的人类。

除了可以成为孩子的好朋友以外，布丁豆豆还可以成为孩子的教育启蒙者。其所具备的双语功能打破了普通早教智能机器人的设计理念。不仅如此，在强智能语音系统 R-KIDS 的助力下，布丁豆豆还可以对孩子的语音进行识别，具体来说，只要孩子发布简单的语音指令，就可以实现国语与英语之间自动切换。

在英语环境下，布丁豆豆既可以帮助孩子学习英文单词和常用短语，又可以教孩子哼唱一些比较经典的英文儿歌。这不仅有利于培养孩子的英语语感，还有利于启蒙孩子的英语天赋。

除此之外，通过多元智能模式，布丁豆豆可以让孩子在多个领域得到锻炼，例如，锻炼孩子识别颜色的能力、锻炼孩子的手部精细动作等。当然，布丁豆豆还可以启蒙孩子的美学天赋，挖掘孩子的学习潜能，培养孩子的艺术修养……。

毋庸置疑，父母最重视也最头疼的问题已经被布丁豆豆解决了，未来，在布丁豆豆的陪伴和教育下，越来越多的孩子会赢在新的起跑线上。

ROOBO 旗下的布丁机器人团队一直致力于研发带有教育启蒙功能的早教智能机器人，布丁豆豆则是这一团队的最佳成果。2017 年 1 月，布丁豆豆就已经在国外亮相，而且还获得了全球年度儿童智能机器人金奖。

当然，随着 AI 逐渐完善，像布丁豆豆这样的早教智能机器人会越来越多，到了那个时候，孩子就可以拥有一个可以谈心的好朋友，而父母也有更多的时间和精力为孩子创造更加坚实的物质保障。

8.2.2　双师课堂让教学更有新意

新京报举办过"资本驱动下，互联网教育的新路径"峰会，新东方董事长俞敏洪在会上做了主题演讲，演讲中有这样一段话："新东方从今年开始，会大量布局所谓的双师课堂，分成两种模式，一种是在一些中型城市，新东方依然可以赚钱的模式，通过互联网技术、平台把新东方最优质的内容通过直播、录播的方式同步传播到当地的城市，当地的城市把学生组织起来学习……"。

在布局双师课堂方面，新东方确实做的非常不错。那么，究竟何谓双师课堂呢？顾名思义，双师课堂指的就是，一个课堂配有两名教师，一名是教学经验丰富、教学成果显著的明星教师；另一名是经过严格选拔和专业培训的学习管理教师。其中，明星教师通常由高校名师、杯赛教练、网课名师担任，主要工作是通过相关设备远程为学生授课；而学习管理教师则负责在课堂上进行全面地配合和跟进，例如，对学生进行管理和监督、查看学生的笔记、批改学生的作业等。

讲到这，很多人就会有疑问，新东方的双师课堂究竟是怎样开展课程的呢？具体包括以下几个步骤。

1．学生提前进入课堂，复习前一天做的笔记，准备入门测试。与此同时，学习管理教师组织发放答题器，并组织签到，而且还要把学生的电子设备收上来，以便学生可以更加专心地听教师讲课。

2．上课前10分钟，学生使用答题器完成入门测试，测试结果会在第一时间同步到掌上优能，而学习管理教师也会将其分享到家长群，以便家长可以了解学生的复习情况。

3．完成入门测试以后，学生打开自己的笔记本准备上课，而教师则会用非常新颖的方法和非常前卫的思路为学生授课。

4．授课过程中，教师会随时与学生进行良性互动，例如，题目抢答、趣味手势游戏等。而且，积极参与的学生还会有机会获得小礼品。

5．在教师讲授新课程期间，学习管理教师会一直陪同并监督学生，例如，保证课堂纪律、及时调整学生状态、布置相关作业等。

6．新课程讲授完毕以后，学生完成出门测试。同时，学习管理教师会对学生的笔记进行查看，如果笔记合格的话，学生就可以拿回自己的电子设备，离开教室。

7．课后，家长会收到学生的学情反馈，而学生则会被催促尽快完成作业打卡。与此同时，学生还会收到新课程无障碍解析、作业点评、作业错题讲解资料等。

可见，在开展课程的时候，新东方的双师课堂有着非常严谨的步骤，而且必须要说的是，在这些步骤的助力下，新东方的双师课堂已经吸引了一大批新学生。

　　当然，除了新东方以外，学而思、凹凸、快乐学习等知名课外辅导机构也纷纷涉足双师课堂，这不仅意味着 AI 在教育领域的应用会遍地开花，更意味着中国教育事业正在迈向一个新的高峰。

第**9**章

AI 点亮生活：娱乐凸显"酷炫"科技美

从阿尔法狗战胜柯洁以后，AI 便从高冷的学术界"坠落"到烟火缭绕的凡间。AI 研究者和相关企业也迅速加快 AI 的商业落地步伐，期望可以尽早点亮人们的生活。

如今，AI 广泛地影响着人们的衣食住行，从智能试衣间、人工智能培育美味食物、智能家居到无人驾驶、家用无人机，再到智能音箱、可穿戴机器人，无不体现着这一点。

9.1　AI 飞入寻常百姓家

"旧时书斋 AI 燕，飞入寻常百姓家。"AI 曾经很神秘、很神奇，仿佛世界上的一种黑魔法，但是随着大数据与云计算的提升，以及深度学习的演进，这种黑魔法已经走到人间，进入人们的生活，为人们带来一系列的便利。

9.1.1　智能音箱：天猫精灵

随着智能家居产业链的逐渐延伸、拓展和完善，我们对智能家居产品的需求不断增加，要求也不断增高。阿里巴巴的智能音箱天猫精灵（见图9-1）自亮相以来，就吸睛无数。

"双11"是一个造物的节日，狂欢的节日，为消费者谋福利的节日，天猫精灵以99元的特低价销售，破百万的交易量成功打开了智能音箱的消费市场。

在智能家居领域，天猫精灵无疑是一台为中国家庭设计的智能型机器人。它虽然外在娇小玲珑，但是却有一个智慧的大脑，能够听懂你的言语，并与你进行简单的沟通；还会根据你的指令完成相应任务，完美地控制家居产品。

图9-1 天猫精灵家居展示

在互联网状态下，天猫精灵会告诉你一切都已就绪，随时听从吩咐，这时，你只需轻轻呼唤天猫精灵，它就能够成功与你对话，帮你做力所能及的事。

当你对它说："帮我买一件性价比高的阿迪鞋。"它就会自动上网（它能够无缝对接天猫与淘宝平台），搜索人气高、销售好的产品，然后你只需要再检测一下是否符合你的需求就可以了。

当然，你也可以让它帮你充话费，叫外卖，让它给孩子讲优秀的童话故事。当孩子临睡时，让它给孩子播放摇篮曲。更强大的一点是，它能够控制智能家居产品，例如，当你告诉它，将室内空调的温度调到 28 度，它就会相应地、智能化地完成我们的指令。

同时，它还拥有更为智能的声纹识别能力，能够根据声波辨别每一个人的声音，从而识别使用者是谁。

综上，天猫精灵之所以成为智能音箱中的翘楚，与其强大的智能体系、相对低廉的价格，以及科技感、时尚感兼备的高颜值密不可分。在未来，智能音箱如果要进一步拓展市场，就必须做到更有颜、更有技、价格更加低廉。

9.1.2　智能家居系统：个性的生活方式

AI 时代，美好的家居生活应该从智能家居系统开始，智能家居系统综合利用 AI、大数据、算法等各类先进技术，让家居生活更惬意、更舒适、更智能、更便捷。

整体来看，智能家居与普通家居相比，有以下四个方面的优势，如图 9-2 所示。

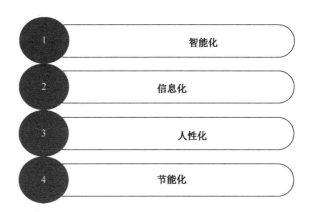

图 9-2　智能家居的四大优势

智能化使家居系统变静态为动态，我们可以通过语言的方式来操作任何家居物件；信息化使任何家居产品都能够与互联网联系，能够搜索外界最新的讯息。人性化，强调的则是人的主观能动性，人们借助各种智能设备可以操控房间内的一切，我们控制家居产品的能力越来越强。节能化是能够一键断电，在休息的时候，房间内不需要使用的家居设备都会智能断电，而非处于睡眠模式，这有利于节约能源。

智能家居最典型的产品非智能音箱莫属了。世界上的第一款智能音箱 Echo 是由亚马逊研发的，它是"第一个吃螃蟹的人"，首创了智能语音交互系统。而且通过产品的更新迭代，培养了大量的忠实用户，抓住了发展先机。

智能音箱的最大便利之处在于我们能够通过语音操控它，让它与智能家居产品相互联系，它就相当于我们的生活小助手。我们可以用生活化的语言给它们一些指令，例如，让它网上订火车票、网上购物、网上叫外卖等。

虽然智能音箱如雨后春笋般纷纷冒了出来，但是我们不能否认的是智能音箱仍存在着同质化严重的现象，而且功能也不尽完善，还存在一些小瑕疵。例如，当我们用智能音箱打开窗帘时，它可能会出现"卡顿"现象，反应会迟钝。对于这种现象，我们的容忍度是很低的。所以智能音箱的发展道路还很漫长，为了智能音箱能有更大的进步，我们要在以下五个方面加大力度。

首先，在产品研发阶段，科技工作者要为它输入更高级的算法，让它具有更强的自主学习能力。

其次，在生产阶段，生产制造商要为智能音箱挑选最好的原材料，从而增加它的反应速率，延长它的使用寿命。

再次，在商业落地层面，各个企业要结合自身优势，同时根据市场需求，创新智能音箱的形式，达到百花开放的繁荣景象。

然后，在社会监管方面，要严厉打击智能音箱的制假造假行为。

最后，在知识产权方面，各个研发生产者要有专利保护意识，积极申请自己的研发专利，保护相关的知识产权。

AI 时代，智能家居的发展仍有无限可能，智能音箱仅仅是智能家居的缩影。未来，智能家居会更大限度地解放人力，更好地为我们的生活服务，同时也会像一个善解人意的保姆，智能、理性地优化管理我们的生活。

9.1.3　家用无人机：快递送货上门

无人机是对无人驾驶,并且能够重复使用的飞行器的一种简单称谓,如图 9-3 所示。

图 9-3　无人机航拍图

1917 年,历史上第一架无人机诞生,主要进行军事物资的传送,对军事基地的勘探,或者从事其他军事用途。随着战争的结束,科技的迅速发展,在 20 世纪 90 年代,无人机逐渐向民用领域过渡,并且逐渐实现商业落地。

因为无人机具有机动、灵活的优势,与航空运输相比,价格相对低廉,同时运行周期短,受天气状况的影响较小,所以能够被广泛应用于各行业,而且商业落地的速度很快。

但不得不承认,在过去的二三十年里,我们的无人机发展得并不是很好,主要原因就是人工智能控制技术的落后。而在 AI 时代,随着计算机语音交互技术的提升,语义理解能力的提升,以及视觉识别技术的突破,无人机的发展将会越来越迅速。

综合上述因素，我们确定，无人机的发展将会迈入一个全新阶段，会有一个更为美好的未来。在这一个全新的阶段，无人机的产业化规模将会越来越大，而且全域化的应用也将越来越广阔。

无人机的发展不仅体现在技术的先进性上，还体现在对我们人类生活的改变中。随着无人机的规模生产与商业落地，我们的生活方式也必将受到影响，生活质量也将会大幅提升。

具体来讲，无人机将会从以下三个方面影响我们的生活。

第一，无人机将成为我们健身运动的忠实伙伴。

目前，很多人外出跑步、运动时，一般都会选用一款合适的智能运动手环，因为智能运动手环能够科学地记录我们的跑步里程、走路步数及运动时长。根据这些信息，我们能够进一步合理地安排我们的运动，使我们的身体更加健康。

可是智能运动手环有一个明显的不足，它不能够与我们进行亲切互动。它只会默默无闻地记录我们的运动数据。

随着人工智能技术的发展，小型的智能无人机就可以自由地与我们进行语音交互，它的样子会类似于小燕子，会在我们的头顶盘旋，也会立在我们的肩膀上。

此外，智能无人机还能够随时记录我们的运动信息，并且与我们沟通，它会像燕子那样鸣叫，也会像人一样歌唱。比如在我们进行登山运动时，它可以先进行路面的勘测，检查是否存在安全隐患，然后及时地告诉我们。

总之，它能够及时地帮助我们解决实际问题。另外，有这样一台像宠物一样的无人机的陪伴，我们的运动也一定会更加安全、健康、有趣。

第二，无人机摇身一变，将成为高效的快递小哥。

如今的物流速度越来越快，比如顺丰速递，它是利用航空运输的方式进行快递的输送。可是我们不得不承认，航空运输的运送成本是很高的，同样，高铁航空运输的运送成本也不低。

随着技术的发展，越来越多的企业开始选择利用无人机进行快递服务，例如，国内的顺丰速递、京东商城及天猫商城在逐步测试、落实智能无人机快递业务。虽然目前这项业务还没有充分发展起来，但是我们相信，随着 AI 的进一步发展，智能无人机快递行业必然会成为一个新型的热门行业。

到那时，即使是"双 11"期间，我们的快递小哥也不用拼命进行快递分发了。当我们仰望城市的上空，会发现众多的智能无人机将会有条不紊地进行快递的运输。

第三，智能无人机将飞进千家万户，提供更加个性化的服务。

现在市场上已经出现越来越多的家用型无人机。随着人工智能技术的发展，家用型无人机也将会越来越智能化，将会为我们千万普通家庭提供更加便捷化、个性化的服务。

那时，家用型无人机会更加玲珑美丽，它的外观设计既充满了科技感，又具有美好的生命感，仿佛美丽的精灵。我们可以充分发挥美妙的想象：在一个炎热的夜晚，你一个人在阳台踱步，希望能吹来一丝凉风，但令你悲哀的是依旧无风。此时，智能的家用型无人机会感知你的想法，它们会主动飞到你的头顶，智能地打开吹风系统，为你带来一丝凉意。或者，它会直接飞到你的身边，和你进行对话，询问你的需求。

又比如，当知道你很渴时，智能无人机会主动飞到一家无人超市，为你带来你最喜欢的饮品。当你有东西需要外出拿的时候，你只要知会它一下，它就会代你跑腿，立即帮你去取。

总之，智能无人机会根据我们的手势、肢体语言的变化来判断我们的心情，然后通过语言与我们进行交流，并用最快的速度帮我们解决难题，提供智能化、个性化服务。

也许你会认为这一切只能发生在科幻电影中，但是随着技术不断演进，不久的未来，这就有可能成为真正的社会现实。

9.1.4　扫地机器人：清洁不再难

如今，在家务领域，比较有名的就是智能扫地机器人，如图 9-4 所示，我们只要通过单击手机屏幕，就能对其进行远程操控，之后它就会自主地进行房间打扫。

实现不同的擦洗
在拖布上喷以除菌剂、清新剂、抛光剂等 洗扫抛完

图 9-4　智能扫地机器人

其实，智能扫地机器人的工作原理源于无人驾驶的传感技术，它能够自主绘制室内清扫地图，并智能地为清扫任务做出规划。根据相关测试，智能扫地机器人的清扫覆盖率能达到 93.39%。

在家务方面，我们的智能机器人并不会止步于扫地，以后的设计还会更加个性化。例如，烹饪机器人，我们可以为智能机器人输入美味佳肴的烹炒程序，为它设置翻炒、自动配加调料等方面的技术，从而使我们的烹饪变得更加方便、轻松。

9.1.5　可穿戴机器人：机械外骨骼

《钢铁侠》中男主人公的生活令人向往，他的那套钢铁盔甲，可以根据环境变化，立即做出相应改变，总是能够让他在关键时刻转危为安。

在 AI 时代，那套钢铁盔甲其实就是可穿戴技术的典型代表。可穿戴技术有许多应用，例如智能眼镜、智能头盔和可穿戴的智能机器人等。

谷歌的智能头盔与智能眼镜是典型的智能穿戴设备。英国维珍航空给员工配备了谷歌智能头盔与智能眼镜，以此提升员工的工作效率，改善乘客的满意度。员工戴上智能头盔后，可以通过该头戴设备，及时地为乘客推送新的航班信息。

另外，在智能头盔的协助作用下，员工能够高效、清晰地为乘客介绍目的地的天气状况与典型的旅游地点，这样，乘客就能够迅速了解最新鲜、有趣的旅游攻略，旅游出行会更加有乐趣。

而戴上谷歌智能眼镜后，员工也能够清晰地了解乘客的餐饮需求，这样就能够大幅优化乘客的飞行体验。

可穿戴的智能机器人是一种机械外骨骼，看上去像钢铁战衣，非常具有科技感，会使我们的出行更加方便。它虽然看起来有些奇怪，但它确实具备高度的技术前瞻性，无疑会是未来社会人们出行的最佳载体。

可穿戴的智能机器人不仅是一种出行工具，而且能够改变我们的生活方式与工作方式，我们的生活会更加精彩，我们的出行会更加便捷、更加健康。

可穿戴的智能机器人会有很多方面的应用，不仅能够应用于出行领域，让我们的出行更便捷、更健康，还能够应用于医疗领域，帮助患者解决身体问题。

机械外骨骼的原理很简单，它是根据人体关节结构，研发设置的一款 AI 设备，就像安装在智能设备中的智能 App，可以调节机械外骨骼，从而进一步调整人们的步态模式。例如，机械外骨骼可以调节人们的步速、步幅及行走时的身体倾斜角度。这种健康科学的调节，会使我们的运动更敏捷，我们的行走姿态更优雅。

目前，在出行领域，可穿戴机器人还有很大的发展空间，也有很强大的潜能。

在未来，AI 进一步发展的情况下，我们可以穿着机械外骨骼，毫不费力地去攀登从未攀爬过的险峰。我们可以借助机械外骨骼，在崎岖的山路快速行走。借助机械外骨骼，在旅途中轻松举起重物，身体的负担将会进一步减轻。

机械外骨骼的前景很美好，但科学研究人员还需要在以下三个方面做出很多的努力，如图 9-5 所示。

图 9-5　机械外骨骼发展的三个方面

首先，机械外骨骼的发展要注重身体自然延伸的感觉。

人们总是不愿意让一个外在的事物来影响自己的身体状况，仿佛孙悟空很讨厌金箍棒一样，我们也很讨厌束缚我们身体的各种外来物件。机械外骨骼的设计应该给用户一种身体的自然延伸的感觉，让人们感受到舒服，这样人们才会广泛接受。

其次，机械外骨骼的发展要注重断舍离，做到小而美。

断舍离是简约生活的一种至高境界。所谓断舍离，就是要以自己为中心，抛弃舍去对自己无用的事物，最终让自己的生活更加轻松愉悦。

机械外骨骼的发展就要抛弃华而不实的功能，追求产品简约和极致，只有做到了小而美，人们才不会觉得它是一种负担，才会欣然接受。

最后，机械外骨骼的发展要基于用户需求，进行智能设计。

基于用户需求就是要强化用户喜欢的功能，进一步提升用户的使用体验。机械外骨骼的发展应该基于用户需求展开调研。只有了解用户真正喜欢的功能，然后集中精力去进行相关功能的开发，进行智能的设计，产品才会被广泛接受，才会真正地为人们的出行带来有益的变革。

9.2　"AI+泛娱乐"：有效缓解孤独感

这是一个"娱乐至上"的时代，AI 的出现，改变了娱乐的方式，创新了娱乐的玩法，让泛娱乐成为主流。基于此，AI 也要借助泛娱乐，玩出"高大上"的感觉。

可以预见的是，AI 与泛娱乐的结合将是未来的发展方向。AI 要泛娱乐化，需要企业、个体、政府同心协力。与此同时，这三者还要保持清晰的界定和清醒的认识。

9.2.1　AI 推动娱乐化消费的升级

随着 AI 的发展，物质生活水平的提升，人们越来越注重娱乐化的消费。所谓泛娱乐化消费，是指人们的消费更加青睐有趣、搞笑、无厘头的精神产品。例如，90 后更加喜欢有趣的商业大片，00 后更加喜欢二次元等，这样的娱乐化消费，能够使他们在快节奏的生活当中放松紧张的神经，达到一种文化消费的快感。

许多人认为，在娱乐化时代，人们的生活会更加丰富多彩。娱乐化时代，人们的精神消费会更低龄化、幼稚化、无趣化，甚至庸俗化。其实，这样的观点，未免太过绝对，太过牵强，太过批判。时代在进步，我们应该从发展的角度来看。

深圳狗尾草智能科技有限企业 CEO 邱楠的观点很值得借鉴，他认为："泛娱乐化并不代表低龄化或庸俗化。"整体来看，AI 为我们的娱乐生活带来了诸多益处，AI 的进一步发展，必然会使泛娱乐化消费得到一次全新的升级。

AI 泛娱乐化的内容有很多，例如，AI 游戏、AI 写诗、AI 拍照、AI 绘画、AI 音乐等，这些泛娱乐化的 AI 消费，会使人们的生活变得更加美好。

AI 音乐不仅能够丰富音乐的表达形式，还能够创新音乐的内容。这非但不是低龄化、无趣化，反而会显得更加文艺化、个性化。对于人类精神文明的进步也大有裨益。

那么，在具体操作层面，AI 是如何快速进行歌曲创作的呢？又是如何让人们感受到 AI 音乐的魅力呢？这里以英国的 AI 音乐制作企业——Jukedeck 为例进行详细说明。

Jukedeck 企业为 AI 音乐创作提供了优质的模板。如果想要制作一首 AI 歌曲，只需要登录他们企业的官网，输入音乐的风格特征、节奏快慢、音调起伏、乐器类型、歌曲长度等基本信息即可。当然，这种流程化的 AI 创作模式遭到了许多人的质疑，他们觉得这样的 AI 音乐是对音乐的一种亵渎，没有任何的原创，音乐逐渐变成没有灵魂的声调。

当 AI 音乐面临种种质疑的时候，英国著名的音乐行业顾问 Mark Mulligan 提到："只要这首 AI 音乐能够找到平衡点，有足够的和弦配合，加上适当的创新和休止符，那就足够好了。"

对于 AI 音乐创作，我们应该保持一种宽容的态度，虽然 AI 音乐是在大数据及云计算的基础上由智能机器自主创作的音乐，但是还是离不开我们人类赋予它的一些基础音乐知识。所以，我们人类的创造力是不曾消失的，AI 音乐反而是人类创造力的另一种升华。另外，基于 AI 的音乐，对于优秀的谱曲家来讲更是一种灵感的启发。

在未来，AI 音乐势必会和人类音乐一起，谱写出更加优美的曲调，让我们享受更加优美的音乐。同样地，AI 绘画与 AI 作诗都能够创新文艺的表达形式，丰富文艺的内容。

这样的 AI 娱乐非但不显得低龄化、幼稚化，反而更像阳春白雪，更加有趣。

未来已来，AI 作为一种新兴技术，必然会为泛娱乐化带来新的生机与活力，必然会使人们的娱乐生活更精彩！

9.2.2　情感陪护机器人：引领蓝海市场

年轻人的孤独心理问题，应该通过更多元、更有趣的、基于 AI 的情感陪护机器人来解决。

事实上，AI 情感陪护机器人已经有了很大的发展，借助 NPL、知识图谱等技术，它们已经能和年轻人进行有效的沟通和交流。这些 AI 情感陪护机器人不仅能够理解年轻人的意图，还能够高效执行年轻人的命令。

在 AI 时代，在泛娱乐化的今天，应该基于年轻人的审美与需求，创新 AI 情感陪护机器人的形式，丰富它们的功能。

另外，"AI+泛娱乐"不是两者的简单相加，而是一种跨界融合，要以"人"为核心，打造风格各异、富有创意的内容。但是，打造令年轻群体喜爱的 AI 情感陪护机器人却非易事，目前可以使用以下三种方法，如图 9-6 所示。

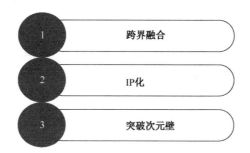

图 9-6　情感陪护机器人深受年轻群体喜爱的三种方法

1. 跨界融合

跨界融合是一种新时尚，新玩法。有趣的跨界融合不仅能够增加创意，还会促进产品的销售。AI 情感陪护机器人要受到年轻人的追捧，就需要勇敢玩跨界，试着将游戏、影视内的形象融合进去，必然会带来非凡的效果。

2. IP 化

IP 化，就是用知名 IP 来包装 AI 情感陪护机器人，例如，大多数 90 后和 95 后都爱玩王者荣耀，AI 情感陪护机器人就可以借鉴王者荣耀的游戏造型，进行适度创新，这样的创新必然会深受年轻群体的欢迎。

邱楠也提到："我们还在开发具有人工智能的虚拟养成偶像，通过 AI+泛娱乐的玩法，赋予虚拟偶像人的特性和虚拟生命，希望其成为一款横跨娱乐、文学、游戏三界的超级 IP。"由此可见，塑造 IP 是一种很受欢迎的方法。

3. 突破次元壁

日本独立音乐人杨武韬在《二次元爱好者如何看待高科技产品》中提到："随着科技产品的日益丰富，御宅族、二次元、三次元等亚文化群体越来越大，将成为未来人工智能与泛娱乐跨界的主流消费群体。"

二次元、三次元的产品形象会更加非主流、时尚。如果 AI 情感陪护机器人的设计能够与这类形象相结合，必然会打开年轻人的心，让他们倾诉自己的孤独心理。

同时，年轻人通过对 AI 情感陪护机器人的诉说，也会锻炼他们的语言表达能力，逐步提升他们的社会交际能力。

新一代年轻群体普遍面临着孤独和焦虑的心理情绪，AI 情感陪护机器人应该基于这一人性的弱点进行弥补，给予他们关怀，才会取得更好的突破。

9.2.3　室内无人机竞技：开启娱乐新风口

市场调查机构艾瑞咨询曾发布一篇名为《中国无人机行业研究报告》的文章，文章提到："预计 2025 年，小型民用无人机市场规模将超过 700 亿元，其中航拍及娱乐市场规模约为 300 亿元。"由此可见，无人机娱乐市场将会有广阔的发展前景。

室内无人机是典型的 AI 娱乐产品，将会成为智能娱乐的新风口。以翼飞客无人机为例，它也是全球首家无人机实景主题乐园，其成立标志着无人机智能娱乐时代的真正来临。

翼飞客创始人兼 CEO 姜蓓艺在开业仪式上讲到："我们将通过精选的合作伙伴和注册渠道，向全国的无人机娱乐飞行爱好者提供 50 万人次的免费体验。"同时，翼飞客的 COO 王波讲到："我们拥有全球首家室内无人机 IP 实景主题乐园，拥有全国首个室内无人机竞技赛事，拥有多款自主知识产权的室内竞技无人机，拥有多款自主版权的室内无人机竞技游戏。"

由此可见，翼飞客有明确的娱乐定位，而且具备鲜明的竞技性质。这种定位明确、竞技性强的产品容易引发大众的跟风购买行为，从而成为优秀的娱乐项目和娱乐产品。

翼飞客主题乐园的占地面积约 500 平方米，其中的娱乐服务项目众多，比较典型的有以下四种，如图 9-7 所示。

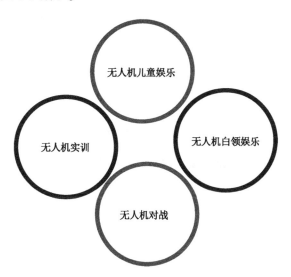

图 9-7　翼飞客典型的四种娱乐项目

因为无人机娱乐市场正处于蓝海市场，所以翼飞客能很全面地进行目标群体定位，不仅涉及儿童无人机娱乐，也包含年轻的白领阶层的无人机娱乐，这样的目标群体定位基本上已经锁定了爱好无人机的所有人。

同时，无人机的娱乐内容也被分为无人机实训和无人机对战两部分，其中无人机实训能够培养无人机爱好者的操作能力；无人机对战能够增加无人机竞技的娱乐性。

无人机娱乐竞技模块又能够巧妙地融入团队建设元素，例如，如果一些企事业单位要提高自己的团队凝聚力、执行力和战斗力，就可以到翼飞客主题公园进行一次有意义的无人机竞技比赛。

谈及室内无人机，就不得不提 Black Talon FPV Quad，它是一款性价比超高的室内无人机，售价大约为 1 000 元。对于无人机爱好者来讲，无疑是福利。Black Talon FPV Quad 的操作极其简单：借助 WIFI 信号，通过无线控制器，就能够对它进行遥控。而且它的抗干扰性极强，延迟性很低，用户的操作体验会很好。

Black Talon FPV Quad 的设计小巧精致，非常适合在家中使用，配备的高清摄像头，可以 360° 无死角地进行室内拍照与录像。另外，Black Talon FPV Quad 的机翼处还有精致的防撞设计，在室内即使撞到了书架和衣柜，也基本上没有太大问题，这就保证了室内飞行的安全性。

上述种种优秀设计会让使用者对 Black Talon FPV Quad 爱不释手，丰富使用者的业余生活，使他们的娱乐生活更加丰富精彩。

室内无人机的诞生与发展必然也会产生丰富的无人机娱乐文化，这就需要室内无人机团队立足时代，紧跟消费者的需要，设计一些更有趣的功能，设置更新鲜的娱乐规则和玩法。

第 **10** 章

AI 赋能工作：人类面临更大的机遇

日本三菱综合研究所的一个学者认为，AI 将使日本的工作岗位减少 240 万个，而该论断则再一次引发了 AI 会让谁失业的热议。那么，AI 真的会造成失业吗？与失业一同而来的有没有更多的就业机遇呢？其实，这两个问题的答案不只是专家学者想要知道的，普通民众也同样想要知道。

10.1 AI 与工作、员工之间的尴尬关系

1966 年，牛津大学著名学者迈克尔·波兰尼阐明，机器在某些特定领域确实有比较明显的优势，但在另一些领域却很难逾越人类。他通过对人类能力进行审慎评估，总结出了一个结论——我们实际知道的要比我们所能言传的多。换句话说，即使人类非常擅长做某件事情，也无法用语言将具体的做法表达出来。

基于迈克尔·波兰尼的这一结论，我们似乎可以做出一个合理推测：在很多领域，AI 的不断发展可以对劳动力市场格局进行重塑，从而淘汰某些已经不再需要人类担任的职业，但一些想像不到的新工种也会随之出现。也就是说，AI 并不会引发失业，而是会使工作形式发生改变，让工作变得更加智能化。

10.1.1 哪些工作可能被 AI 取代

在看美国科幻大片的时候，我们经常会被里面的机器人的表现震惊到，这些机器人似乎拥有非常强大的超能力，以至于可以担负起很多非常复杂的工作。

而如果回到现实当中，同样也可以发现，大量的工作正在被 AI 取代。经过仔细的搜集和考证，最容易也最有可能被 AI 取代的工作应该有以下三类（参见图 10-1）。

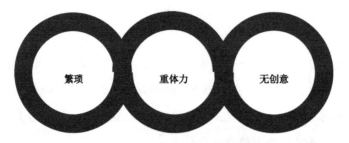

图 10-1　易被 AI 取代的三类工作

1. 烦琐

通常来讲，会计、金融顾问等金融领域的工作人员都需要做非常烦琐的工作。以会计为例，不仅需要参与拟定经济计划、业务计划，还需要制定财务报表、计算和发放薪酬、缴纳各项税款等。而且更重要的是，如果在这个过程中出现失误，无论是会计还是企业都要遭受比较大的损失。

然而，自从 AI 出现以后，这一情况就有了明显改善。2017 年 8 月，由长沙捷柯诗信息科技有限公司研发的会计机器人在长沙智能制造研究总院正式诞生。随后，湖南默默云物联技术有限公司对该会计机器人系统进行了测试。

首先，湖南默默云物联技术有限公司的经理王晓辉接受了近二十分钟的会计操作流程培训。然后，他又花费了十五分钟的时间，将自己公司的发票、薪酬发放等流水逐一录入会计机器人系统。再然后，会计机器人系统自动生成了结账、记账凭证、计提、资产负债表、利润表、会计账簿、国地税申报表等诸多数据和报表。最后，长沙智能制造研究总院的财务总监对这些数据和报表进行了逐一核对。结果发现，这些数据和报表的准确率达到了 100%，并且完全符合《会计法》及国家税法标准。

通过上述案例可以知道，会计机器人系统已经可以完成大量的会计工作，而这也就意味着会计很有可能会被 AI 代替。

2. 重体力

提起重体力，首先想到的四个工作应该是保姆、快递员、服务员和工人。如今，这四个工作正面临着被 AI 取代的风险。

日本著名机器人研究所 KOKORO 曾研制出一款仿真机器人，并将其命名为木户小姐。据了解，木户小姐与真实的人类非常相似，除了可以像保姆那样完成一些打扫工作以外，还可以与主人进行简单交谈。

京东配送机器人穿梭在人民大学的道路上，除了可以自主规避障碍和车辆行人，顺利地将快递送到目的地以外，还可以通过京东 App、手机短信等方式向客户传达快递即将送到的消息。而客户只需要输入提货码，即可打开京东配送机器人的快递仓，成功取走自己的快递。

不难看出，木户小姐可以完成保姆的工作，京东配送机器人可以完成快递员的工作。当然，也有其他一些 AI 产品可以完成服务员和工人的工作。这也就表示，未来，那些重体力工作很容易被 AI 取代。

3. 无创意

众所周知，并不是每一项工作都需要创意，例如，司机、客服等。自从 AI 出现以后，这些不需要创意的工作便遭受了很大威胁，下面以客服为例进行说明。

对于客服来说，智能客服机器人的出现无疑是人工客服面临的一个非常巨大的挑战。一方面，智能客服机器人可以精准地判断客户的问题，并给出合适的解决方案；另一方面，如果遇到需要人工解答的问题，智能客服机器人还可以通过切换，辅助人类客服进行回复。

从目前的情况来看，智能客服机器人已经在国内外多家企业获得了有效应用，例如，酷派商城、阿里巴巴、360商城、巨人游戏、京东、唯品会、亚马逊等。可以预见，当智能客服机器人越来越先进，数量也越来越多的时候，人工客服很有可能会被取代。

实际上，如果对上述内容进行总结的话不难发现，易被AI取代的工作主要有会计、金融顾问、保姆、快递员、服务员、工人、司机、客服等。而这些工作的特征是烦琐、重体力、无创意。这就表示，正在从事这样工作的人们，必须做好应对AI的准备，以防止哪一天会被AI取代。

10.1.2　AI 其实只会改变工作的形式

很多人都想知道，工作究竟会不会消失？实际上，在大多数情况下，工作并不会消失，而是转变为新的形式。下面以人事工作为例进行详细说明。

之前，人事工作都是由HR负责的，然而，随着AI的不断发展和进步，这样的情况似乎已经发生了改变。2017年，日本高端人才招聘网站BizReach宣布与雅虎、Salesforce合作，共同开发针对人事的AI产品。

该AI产品不仅可以自动完成某些工作，例如，岗位调动、招聘、员工评测等，还可以帮助企业发现工作人员的跳槽倾向。与此同时，该AI产品还可以采集工作人员的工作数据，并在此基础上通过深度学习技术，对工作人员的工作特征进行深度分析，从而判断工作人员与其所在岗位是否匹配。

目前，引入该类AI产品的企业已经越来越多，例如，沃尔玛、亚马逊等，而这些企业的主要目的是让人事工作可以更加高效、简单。正是因为如此，很多人都认为，未来，人事工作将会消失，大多数HR也会面临失业的风险。实际上，这样的看法是有失偏颇的，并且通过上述案例也可以知道，AI 并没有让人事工作消失，而是让其朝着更加高级的方向转变。

因此，无论是 HR 还是其他领域的工作人员都应该知道，短期内，AI 的出现会在一定程度上给社会造成"阵痛"，人类也很难阻挡某些领域中的失业浪潮。不过，如果从长远来看，大多数情况下，与 AI 一同而来的，还有更多的就业机会及更加高级的工作形式，就如同黄包车夫变成汽车司机，马车制造商变成汽车制造商那样的转变。

这种转变并不意味着大规模失业，而是社会结构、经济秩序的重新调整。在此基础上，传统的工作形式会转变为新的工作形式，从而使生产力进一步得到解放，人类生活水平进一步得到提升。

10.1.3　员工要正确对待 AI

之前谈起技术的进步，首先想到的就是这是一把双刃剑，既有利，也有弊。而如今，面对有了很大进步的 AI，受到极大威胁的员工则不应该这么想。对这些员工来说，当务之急是让 AI 的进步变成一把单刃剑。

那么，如何才能让 AI 的进步变成单刃剑呢？最关键的就是要用一个正确的态度去对待 AI。正如险胜阿尔法狗一局的围棋世界冠军李世石所言："人机大战并没有让我感受失败的痛苦，反而更能理解下棋的快乐。"又如连败阿尔法狗三局的柯洁所言："阿尔法狗让我深刻理解了围棋的奥妙。"

毋庸置疑，AI 一直都在进步，也很有可能取代一大批员工，但越是这样，员工就越要有积极的态度。不可以一味地屈服于 AI 的强大能力之下。要知道，无论 AI 如何优秀，也一定不可以盲目地贬低自己。

从本质上讲，AI 仅仅是人类研发出来的一项技术，既没有头脑，也没有情感。因此，员工无须感到担忧和恐慌。但必须承认的是，在很多时候，AI 还可以成为一个用起来非常得心应手的工具。

从目前的情况来看，员工应该做也可以做的就是了解 AI 的运行规律和优缺点，掌握运用 AI 的方法。一旦做到这些，员工应用 AI 的能力就会有很大程度的提高，这样员工才可以更好地控制过分"能干"的机器或机器人，从而最大限度地彰显 AI 优势，消融 AI 劣势，实现真正意义上的"得其所才，尽其所用"。

10.2　AI 赋能工作：开启新世界的大门

"40%的雇主无法招聘到足够的熟练员工；65%以上的年轻人将选择仍未被明确定义的工作；到 2025 年，千禧一代在全球劳动力中的占比将超过 75%；AI 正在重新定义工作……"这些都是当今时代的真实状况。

生活在这样的时代，旧的人生脚本必须被撕掉。与此同时，新的人生脚本也必须被书写，而 AI 则是其中的一个重要动力。一方面，AI 有利于大幅提升工作自动化水平；另一方面，AI 有利于增加新的就业机会。如果对这两方面进行总结的话，则可以得出上面提到的一个结论："AI 正在重新定义工作。"

10.2.1　助力自动化水平的提升

根据相关调查结果显示，"45 年内，AI 在所有任务上超越人类的概率是 50%，并且会在 120 年内将所有人类的工作自动化。"的确，有了 AI 以后，很多工作都会变得自动化，例如，利用无人驾驶汽车运送货物，机器人对快递进行分类等。

早前，某公司将一个 AI 系统引入核心会计引擎中。据了解，该系统不仅可以了解发票的编码方式，还可以对下一张发票的小企业主编码位置进行预测。可见，在 AI 的助力下，忙碌的会计工作已经越来越自动化。当然，这样的现象也同样会出现在其他白领行业。

那么，AI 带来的工作自动化究竟意味着什么呢？还以会计工作为例，在客户业务中，会计人员的角色已经变成了咨询师或财务官，他们不再像以前那样总是键入数据，而是对整个流程进行监督，并对所有集成的会计系统进行管理。另外，随着 AI 不断进步完善，会计人员可以根据之前积累下来的大量数据，判断企业是不是会遇到麻烦，并为其提供最合适的生存和发展意见。

情况正在变得越来越紧迫，专注于遵从和执行工作的会计人员必须正视 AI 时代的影响，同时也应该接受与 AI 时代共生的工作方式和价值提供方式。

不过，这条路并不好走。据证券经纪公司里昂证券提供的报告显示，"会计人员将会看到人工智能在短期内造成的某种破坏性变化。随着行业的变化，成长阵痛期必然会有，但是对于会计行业的未来和全球经济来说，这是值得的。"

在很早之前，小型企业的发展一直是由企业级服务推动的。但是，随着 AI 的兴起和发展，首席财务官可以为小型企业提供更加合理的战略性商业建议，从而大幅延长了小企业的生命周期。这不仅有利于中国经济不断发展，也有利于企业和会计行业的持续进步。

对于工作的逐渐自动化，各个行业的工作人员都应该引起高度重视。例如，了解其他人正在使用的以 AI 为基础的解决方案，找到一个合适的机会将其应用到实践当中，或者是对 AI 技术的强大作用进行深入研究，然后再据此调整和改进日常工作。

前面已经提到，咨询类工作是很难被 AI 取代的，而那些复杂、重复性的工作则可以由 AI 完成。也就是说，在 AI 的助力下，某些工作的自动化水平会有大幅度提升，对此，无论是企业还是工作人员都应该感到庆幸和欣慰。

其实，在一个世纪以前，我们并不能预见 AI 会出现并获得如此迅猛的发展，正如历史发展规律展示的那样，这样的趋势并不会让工作消亡，而是会让工作变得更加自动化。因此，那些积极利用自动化的工作人员将可以从中获得利益。

10.2.2 推动就业机会的增加

著名物理学家史蒂芬·霍金在英国《卫报》发表的文章中提到："工厂的自动化已经让众多传统制造业工人失业，AI 的兴起很有可能会让失业潮波及中产阶级，最后只给人类留下护理、创造和监管等工作。"那么，AI 真恐怖吗？答案其实不是。

随着 AI 的不断进步和发展，一些新兴的行业一定会出现，而与之配套的是还有一大批新的就业机会出现。正如互联网兴起之前，根本没有很多可供人们选择的职业，而在互联网兴起之后，程序员、配送员、产品经理、网店客服等新兴职业也随之一同出现。

可见，我们不能片面地认为 AI 出现之后就一定会有旧事物被残忍淘汰，事实上更多的应该是 AI 与旧事物的结合。这也就意味着，之前的人力资源可以随着学习和训练，逐渐适应并掌握 AI 时代，从而转移到新的行业当中。

在科技趋于完善、生产力大幅度提升的影响下，职业的划分已经变得越来越细，与此同时，就业机会也会变得越来越多。另外，AI 的发展方向应该是"协同"人力，而不是"取代"人力，而大部分已经应用了 AI 的企业的确都是这样做的，下面以京东为例进行详细说明。

2017 年时，京东成立了一个无人机飞行服务中心，需要招聘大量的无人机飞服师。这一职位的门槛其实并不是很高，只要经过了系统培训，那些没有多少文化基础的普通人也可以胜任。

值得一提的是，京东的无人机飞行服务中心是中国首个大型无人机人才培养和输送基地，对于无人机行业而言，这是一个特别大的突破。基于此，无人机在物流领域的应用率将会越来越高，整个社会的物流效率也将会有大幅度提升。在这种情况下，新的就业机会又会不断出现。

可见，仅仅是一个非常普通的无人机，就可以衍生出一系列配套设施，以及大量的人力需求。因此，AI 出现以后，虽然原有职位的需求会有一定减少，但新职位的需求却会大量增加。而且，这些新职位不只包括研发、设计等高门槛工作，同时还包括维修、调试、操作等低门槛工作。

这也就在一定程度上表示，无论是什么样的人，之前从事过什么样的工作，将来都可以找到一个合适的职业，并不会因为学历不够而没有工作机会。通俗来讲，一个行业的职业结构应该是金字塔型的，除了需要位于塔顶的高、精、尖人才以外，还需要位于塔底的普通工作人员。只有这样，才可以保证行业生态的健康和完整。

10.3 "AI+工作" 经典案例汇总

无论是亚马逊的 Kiva 机器人，还是 AI 文本挖掘、AI 绘图、AI 写稿等技术，都可以体现出 AI 正在改变工作形式，提升工作价值。基于此，除亚马逊以外的一些大型公司也开始朝着 AI 进军，与 AI 文本挖掘、AI 绘图、AI 写稿相类似的技术也不断被研发出来，而这些也都在一定程度上变成了促进 AI 发展的强大动力。

10.3.1 亚马逊 Kiva：让效率 UP，UP，再 UP

每当到了节假日的时候，美国人的疯狂购物模式就会开启。作为美国最大的电商网站，为了满足迅速送货的需求，亚马逊开始将 AI 机器人引入运货、捡货的过程中。而且，AI 机器人的工作效率要比人类高很多。

雷金纳德·罗萨莱斯是专门负责仓储的亚马逊员工，他的主要工作是按照订单将顾客需要的货物从货架上拿下来，然后再将这些货物打包并送往下一站。2014 年夏天，一个名为 Kiva 的机器人参与到了雷金纳德·罗萨莱斯的工作中，这个机器人有着方形的身躯及橙色的皮肤，看起来比较清新、亮丽。

据了解，Kiva 机器人替雷金纳德·罗萨莱斯完成了很多工作，例如，帮他将需要的货架推到面前。有了 Kiva 机器人以后，雷金纳德·罗萨莱斯的工作效率有了很大提升，之前要花费数小时才可以完成的工作，现在已经缩减到分钟级别。对此，雷金纳德·罗萨莱斯表示："我不需要说任何话，也不需要下达任何指令，这些机器人就可以更加高效地完成工作。"

虽然 Kiva 机器人的工作看起来非常"单调"，但亚马逊方面表示，在 Kiva 机器人的帮助下，每一笔订单都可以节省很多时间，有的甚至已经达到小时级别。另外，值得一提的是，在特雷西运营中心，像 Kiva 机器人这样的先进机器人是十分常见的。

从工作人员将包裹从卡车上卸下放到传送带上开始，亚马逊仓库里的货物就有了"生命"。在传送带旁边，一共站着 25 名工作人员，他们的主要任务是将传送带上的包裹取下来。然后，其他工作人员就会把包裹打开，再放到手推车里面，接下来，还会有专门的工作人员把手推车推走，并将车里面的货物摆放到货架上。这些货物从表面上看好像是随机出现的，但其实是由计算机算法控制的，只不过结果并没有什么实质性的区别。在特雷西仓库的货架上，还是会出现玩具、荧光带、书籍并排摆放的现象。

最后，就到了 Kiva 机器人大显身手的时候。那么，特雷西仓库里的 3 000 个 Kiva 机器人究竟是如何运作的呢？其实比较简单，这些 Kiva 机器人会先移动到所需的货架底下，然后再将宽 4 英尺（1 英尺=0.3048 米），承重 750 磅（1 磅=0.9071847 斤）货架层提起来。

因为 Kiva 机器人是通过条形码来对货架上的货物进行追踪的，所以，当有订单的时候，可以将与订单相符的货架提到负责捡货的工作人员面前。另外，据亚马逊全球业务和客户服务高级副总裁戴夫·克拉克透露，以前从捡货到发货需要 1 个半小时，而现在已经缩短为 15 分钟，与此同时，相关费用也有了大幅度减少。

Kiva 机器人被认为是当下最先进的机器人之一，之所以会这样，主要是因为 Kiva 机器人拥有一项非常独特的技术，可以沿着亚马逊仓库地板上的条形码移动，从而避免出现相互碰撞的现象。

那么，如果 Kiva 机器人操作失误了应该怎么办？针对这一问题，亚马逊方面明确表示："我们的工程师会在几小时内找出原因并解决它。而且我们绝对不会允许一个仓库中有 10 个机器人同时操作失误。"

亚马逊全球副总裁戴夫・克拉克曾说："Kiva 机器人负责的工作并没有特别复杂，只是把货架搬来搬去。"但是，虽然看上去这仅仅是一项非常小的改进，但却可以使存货取货的效率得到大幅度提升。在"网购星期一"（类似于中国的"双十一狂欢节"）这样的购物高潮期，此项改进显得尤为重要。

10.3.2　文本挖掘技术：律师的得力工具

早前，由中共福建省委统战部指导，福建省党外知识分子联谊会、福建省新社会阶层人士联谊会、今日头条共同主办的"新时代、新网络、新趋势人工智能语境下的互联网大趋势"会议，在福建福州召开。在此次大会上，今日头条创始人张一鸣发表了 AI 和企业责任演讲。

期间，福建省政协委员、福建拓维律师事务所首席合伙人许永东向张一鸣提了一个问题——AI 技术对律师行业会有什么样的影响？张一鸣给出了这样的回答："AI 技术的发展，对法律界的挑战，可能会有两个方面：一是，新技术带来的争议，如自动驾驶、区块链技术的应用，会给法律界带来挑战，在司法界定上，可能会引发一些问题与纠纷。二是，AI 技术会成为律师工作的辅助手段，也会替代现有的一些法律工作。如法律合同的修改，AI 在学习一段时间后，会自动提供修改建议，对于合同的违约条款，也会根据大数据分析，对可能的风险进行自动提示，分析可能产生的冲突等。"

这里重点说一下张一鸣提到的第二个方面，确实，如果按照现在这样的趋势发展下去，AI 非常有可能成为律师的"小助手"，帮他们完成一些比较基础的法律工作。实际上，早在 20 世纪 90 年代初期，就已经出现了用于处理离婚财产分割的断案系统——

Slip-Up，而该系统也被认为是"AI+法律"的前身。

不过，必须承认的是，"AI+法律"并不会立刻走入市场，而这应该是一个比较缓慢的过程，这里面包含以下两方面原因。

① 环境原因——计算机工作的必备基础是成熟的电子化和数据化。

② 经济原因——人力劳动成本的大幅增加，以及科学技术的不断进步。

另外，IBM 的核心技术 Watson 被研发出来，并受到广泛关注以后，人们就非常担心 AI 会让一大批律师失去工作。2016 年，IBM 又成功研发出第一位"AI 律师"，并将其命名为 Ross，而 Ross 也被安排到美国最大的律师事务所 Baker & Hostetler 工作。

虽然很多人认为 Ross 是一个机器人律师，但它的工作却是比较浅层的，例如，解答律师的问题等。因此，Ross 似乎更像是一个法律咨询系统。由此来看，AI 的发展并没有创造出机器人律师，而是创造出了机器人律师助理。

至少从目前的情况来看，AI 还只是参与了以下两种类型的法律工作。

1．作为律师的工具，为律师提供更好的搜索引擎，推荐并管理相关资料和案例，从而缩短律师的工作时间。

2．为律师和客户搭建沟通的桥梁，帮助客户了解法律知识，并为其推荐最为合适的律师。目前，中国已经有几家提供这项服务的创业公司。

律师是一个比较紧缺的职业，一个优秀的律师除了需要具备扎实的知识基础，还需要多年的经验积累，而且通常情况下，在刚刚入职的时候，律师所做的工作都是琐碎并带有重复性的。另外，人们的法律意识的薄弱，再加上聘请律师的巨额费用，律师就更难获得发展。因此，要想打破这些瓶颈的话，就必须要有技术介入。

对于广大律师而言，AI 可以帮助他们从汗牛充栋的法律条文和资料库中解脱出来，要知道，当一个律师不再需要做阅卷、查法条等耗时长的工作，那就可以节省出大量的时间去关注服务对象，从而发现更多具有价值的证据。

在很多人看来，因为 AI 有利于提升律师的工作效率，所以需要的律师就会越来越少。正如上面提到的那样，现实中有很多个体和公司由于无法负担高昂的法律费用而不去寻找专业的法律建议和代理。然而，如果某些法律工作可以被 AI 取代的话，那律师就可以提供这类服务，同时还可以承担更多的法律案件。

目前，中国的中小微企业数量已经超过了 8 000 万个，其中不乏规模过小、经济实力薄弱的企业。这种企业对法律没有很深的了解，合同的审核也存在一定风险。如果 AI 可以帮助他们解决这两个问题，何乐而不为？

哲学家黑格尔曾说："法律的存在并不是为律师、法律、检察官提供工作的，这不是它的社会功能，它的存在是为人们解决问题的。"在 AI 的助力下，法律服务的方式已经有了很大创新，与此同时，法律服务的维度也有了一定程度的拓展。未来，AI 在法律领域的作用还将被越来越多地挖掘出来。

10.3.3　AI 绘图：助力设计的创新、创意

在施瓦辛格主演的电影《终结者》中，有一个名为天网的 AI，这个 AI 除了可以引爆全球核弹以外，还会对人类的生存造成严重威胁。

2016 年，阿尔法狗与围棋世界冠军李世石进行比赛，并以 4 : 1 的总分赢得了比赛的胜利。2017 年，阿尔法狗又与新的围棋世界冠军柯洁对战，同样取得了胜利。也正是因为如此，阿尔法狗的围棋水平要高于人类，已经成为了围棋界的一个共识。

2017 年，"双十一狂欢节"，一个名叫鲁班的 AI 机器人设计了 4 亿张宣传海报。要知道，如果这些宣传海报全由人类设计师设计的话，则需要花费约 300 年的时间。而鲁班只用了一天的时间就设计并制作了 4 亿张宣传海报，甚至没有一张是完全一样的。

通过上述例子并不难看出，AI 确实已经发展到了一个相当的高度。在这种情况下，AI 能否取代人类工作成为了一个争论的焦点。

下面接着回到本小节要讲述的内容，AI 绘图到底会不会取代室内设计师呢？实际

上，前面已经提到，AI 可以取代那些重复性的人力劳动，这是一件可以预见甚至已经开始发生的事情。对此，一部分人可能认为，室内设计并不是重复性劳动，而是脑力创造性劳动，但如果仔细分析室内设计师每天在做的工作，就会发现事实也许并不是这样的。

一个室内设计师如果不想也不愿意花太多时间和精力去洞悉客户的需求，那他就很可能会遭受 AI 的威胁。因为他的工作还停留在数量这一浅层面，只要通过一定的时间累积就可以完成。这和鲁班取代了淘宝设计师的工作有异曲同工之处。

当然，最近这些年，专门为室内设计师研发的设计软件层出不穷，美其名曰：可以在解放生产力的同时，提高设计效率。而这也引起了室内设计师的担忧，因为设计软件只需要拖拽几个模板，然后再将其组合在一起，就可以生成一份有模有样的设计，而且也可以直接交给客户。如果客户不满意的话，只要重复上面的步骤，就又可以生成另一份设计。不过，这样搭积木式的设计方式虽然可以使效率得到大幅度提高，但室内设计师本身的价值却无法体现出来。

从本质上来讲，设计其实是一个发现问题、分析问题、解决问题的过程，而不是最终呈现的一个作品。正如全球著名室内设计师梁志天所说："我觉得我是一个生活的设计师，我所做的种种工作其实跟人的生活有很大关系。设计是共通的，都是把人们当代的生活在设计里反映出来。"

一个优秀的室内设计师，应该与自己的客户进行深度沟通，并在此基础上提供一份理想的设计方案，而这个设计方案要能够体现客户自身的独特品质。除此以外，一份优秀的设计方案还要有自主意识，而不能只是通过对模板进行拖拽，敷衍了事。

对于 AI 而言，其中所包含的人文体验是它们面临的一个极大的挑战，毕竟现阶段的 AI 还无法拥有人类的情感，而这也正是室内设计师所应该牢牢把握住的一个突破点。

一方面，AI 很有可能会取代那些重复性的工作；另一方面，AI 其实也能起到辅助的作用。例如，在 AI 的助力下，90%左右的重复性机械工作都不需要由室内设计师亲自完成，这既有利于大幅度减轻工作量，又有利于大幅度提高工作效率。在这种情况下，室内设计师就可以有更多的时间和精力，去做一些更有创造性和价值的工作。

可见，AI 不仅不会让室内设计师失去价值，而且还会进一步激发室内设计师的创造力，所以，每一位室内设计师都应该积极拥抱 AI，而不是将其拒之于千里之外。

10.3.4　AI 和 HR 融合：颠覆人才招聘

在 HR 所做的工作当中，人才招聘是最基础的，也是最关键的一个。然而，当 AI 融入人才招聘工作之后，这一工作就有了翻天覆地的变化，具体可以从以下几个方面进行说明。

1. 逐渐走向自动化

1994 年，Monster 便推出了世界上第一个招聘网站。如今，随着招聘渠道的复杂化，以及简历筛选技术的渐趋落后，企业与求职者之间的信息再一次出现了不对称的情况：简历过多，HR 根本筛选不完；简历过少，HR 很难招聘到真正的人才。

另外，据相关数据显示，在招聘工作当中，有 70% 的时间都用来筛选和浏览简历，包括登录招聘平台、到各个网站搜罗人才等。实际上，在很早之前，美国的招聘效率就已经到达了瓶颈。为了尽快解决这一难题，绝大多数企业都在使用第三方的 ATS。

2. 逐渐走向主动化

一个真正的人才能为企业带来无法估量的价值，而这也在一定程度上反映了人才市场将会面临永久性的紧缺。一般来讲，真正的人才根本不需要主动去寻找工作，他们都属于被动求职者。在这种情况下，HR 只有脱离被动的筛选而转变为主动的出击，才可以为企业招聘到更多真正的人才。

此外，HR 也应该用市场营销的角度去思考招聘中的疑难问题，并用社交化的手段去建立企业品牌。为了帮助 HR 对宣传文案进行充分的润色，美国的一家企业已经采集并分析了很多可以吸引求职者的词语和表达方式。

另外，该企业也会对 HR 起草的职位描述和招聘文案进行评分，并提出一些非常诚恳的修改建议，例如，将过时的说法进行替换。而且更重要的是，该企业还会针对不同求职者的文字偏好做相应的文案调整。

3. 逐渐走向精准化

求职者匹配不仅仅是简单的技能匹配。也就是说，即使所有企业都在招聘程序开发人员，那也会因为团队领导和公司文化的差异而选择不同的求职者。在如此海量的简历当中，怎样判断哪位求职者适合正在招聘的职位呢？一家名为 Celential.ai 的企业正在使用机器学习技术对求职者进行自动排序。

这家企业可以借助自然语言处理技术分析求职者的简历，然后再根据简历中的相关信息判断求职者与当前职位是不是非常匹配。除此以外，这家企业开发的 AI 系统还可以自动学习简历数据库中的经典招聘案例，并建立一个人才模型，从而更精准地预测求职者的工作表现。

4. 逐渐走向网络化

在美国，近半数的招聘面试都是在网上进行的。实际上，传统的招聘面试既缺乏客观性，又不具备完善的评判标准。AI 面试分析企业 HireVue 正致力于通过提取原始面试视频中的一些重要信号（例如，微表情、肢体动作、措辞等），来对求职者是否符合职位需求进行评估和判断。

其中，自然语言处理技术用于分析求职者的回答，计算机视觉技术用于解读求职者的表情、动作等非语言因素。这不仅大幅度提高了面试效率，还可以迅速筛选出进入下一轮人工面试的求职者。

由此可见，在 AI 不断发展进步的影响下，人才招聘已经发生了翻天覆地的变化，因此，对于新时代的 HR 而言，当务之急就是拥抱 AI 这一新兴技术，只有这样，才可以最大限度地保证自己不被淘汰。

第**11**章

AI 赋能文艺：文艺形式多样化，产值更高

从互联网时代到 AI 时代，人机交互的方式变得更加自然，媒介也更加多元化。AI 的不断发展为人类带来了"无屏 - 有屏 - 万物皆屏"的巨大转变。与此同时，可穿戴设备、AR、VR 也会慢慢融入日常生活当中。当然，这种更自然的人机交互，也对 AI 在文艺领域的应用场景有了极大拓展。

11.1 AI 助力文艺：文化更富创意性

每个时代都会有独具特色的文艺，唐诗、宋词、元曲是中国的古典文艺；以牛顿力学为基础的自然科学是工业时代的文艺；以技术为基础的计算机科学是信息时代的文艺。经过 AI 的加持，这些文艺将会变得更多元、更具创新力、更富创意。

11.1.1 图像识别技术助推文艺发展：AI 绘画

AI 时代，图像算法是指利用 AI 对图形进行优化处理的方法。图像算法领域有很多细分领域，例如图形去燥、图像变换分析、图像增强与图像模糊处理等。

图像算法应用于文化领域，对两个视觉文化领域的影响效果最大，分别是摄影文化和影视文化。

一方面，图像算法对摄影文化有极其深刻的影响，会创新摄影的方式，使摄影作品的呈现效果更好。

对于摄影爱好者来讲，拍摄出动人心弦或者震撼心灵的图片，是内心的一种永恒追求，我们普通群众在看到一幅美的摄影作品时，也会产生很美的心灵感受。例如，当看到创意图片时，我们会赞叹拍摄人员的无限想像力。当看到经过美化处理的自然图片时，我们会感受到世界的奇妙和美丽；当看到极具震撼效果的社会事件图片时，会引发我们的深刻反思；当看到有趣的动态摄影图片时，我们会会心一笑。

摄影文化随着 AI 的发展不断地被进步和创新，而这样的进步和创新也会使摄影图片有更多的表现形式和创意。美图秀秀就是简单美好而又富有创意的摄影图片美化工具，美图秀秀有各种功能，如图 11-1 所示。

图 11-1　美图秀秀的各种功能

美图秀秀是一款神奇的工具，它有多元的图片处理功能，例如，美化图片、人像美容、智能拼图、饰品装饰、文字美化、智能边框及智能添加场景等。在拍摄照片后，如果你觉得图片的光效不是很好，可以利用美图秀秀的图片加强功能进行智能补光，从而增强图片的展示效果。

现代社会，90 后和 00 后都讲究个性张扬，以展示自己的独特魅力，这在手机自拍领域，这已经成为了一种独特的文化。利用美图秀秀或者其他的一些图片美化工具，就能够对自拍图片进行加工。例如，可以使自己的自拍图片秒变复古风格，秒变黑白文艺风格，或者通过智能添加表情包的形式，使自己的自拍图片瞬间萌萌哒、美美哒、帅帅哒。

这种多样化的自拍图片表现形式，既丰富了摄影文化，又能够增加创意，增加时尚感，被大众广泛地接受，对于摄影文化和人们的日常生活都有很积极的作用。

另一方面，图像算法对影视文化有深刻的影响。这主要体现在可以使影视作品的图像更清晰，影视作品的图片特效更强大，影视作品的图形剪辑能力更强大等方面。

在图形算法技术普遍应用之前，影视的作品的图像清晰度及视觉特效一般，而随着技术的更新迭代，智能电视及 IMAX 大屏电影开始普及，这些智能设备都具备智能的图像加强功能。

如今，电视剧画质的清晰度很高，目前画质最清晰的达到 4K。预计 2020 年左右，日本将制造出清晰度高达 8K 的终极电视。影视剧的清晰度越高，我们在观影的时候才会越有赏心悦目的感觉。

影视剧后期，图片美化加工人员会结合 AI，对图像进行各种美化加工处理，这会使影视作品的视觉特效和视觉感染力变得更强。最著名的就是好莱坞的商业大片，如《速度与激情》系列电影、以《钢铁侠》为代表的漫威超级英雄系列电影，它们在视觉特效上都能够给人带来很强的震撼效果。

影视剧图像剪切技术的增强，使普通用户都能够自主地剪切自己喜欢的影视剧镜头。用户可以根据自己的设计思路，做一个精彩视频的集锦，再配上一曲超赞的 BGM，或加入一些特别的效果，让剪辑的影视有一种新鲜感。

目前国内最火的视频大都是热爱视频剪辑的 up 主剪辑上传的。这些剪辑的视频，创新了影视的表达形式，丰富了影视的表达内容，也节省了用户观影时间，对用户来讲无疑是一种很美的体验。

11.1.2　NLP 助推文艺交流：机器"读懂"各国语言

NLP 应用于文化领域能够促进文艺的交流，并且促进文化的创新。例如，当你在阅读欧美的文学名著或者学术性期刊著作时，翻译过来的话语会使阅读不顺畅。而且，如果翻译的质量很差，更是会极大地影响对作品的评价。

对于文学爱好者来讲，如果他们喜欢一部外国的文学作品，会非常喜欢读原著，毕竟外国的语言表达与中国的语言表达存在差异。对原著的阅读，能够让文学爱好者，深入文学的语言环境，让他置身其中，享受到原汁原味的"文学"体验。

不过，现在社会的节奏快，人们的压力也大，根本没有足够的时间进行深度的原文阅读，NLP 的出现，将会改变这一现象。

目前大多数智能手机的阅读软件，都支持语音阅读功能。当你阅读文学作品时眼睛累了，可以选择倾听的方式进行学习。如果你的英语阅读能力和英语听力能力极好，利用语音功能，而且选择一种接近人的语音模式。而在倾听英文原著时，更加会有一种文化的沉浸感，可以感觉到异域文化的魅力。

当然，阅读英语原文还需要有丰富的词汇量和丰富的英语知识，NLP 中的智能翻译功能将会帮助人们快速进行原文阅读。如果有基本的语法知识，只是某个单词不懂，那么直接点住这个单词，就能够迅速知道它的意思。如果整句话都不理解，那么选中这句话，就能够自动翻译。通过不断反复地练习，人们英语水平不仅能够大幅提升，而且还能够对欧美的文化有更深的理解。

整体来看，NLP 技术在处理文化问题时，有三个难题。

1．智能复述，回答人们提问的文化问题。

2．根据人们的要求智能做出精彩的文摘。

3．对于一些国外的材料，能够智能翻译，并且能口述出来。

只有成功突破这三个难题，才能够为文化的交流与创新注入新的活力，文艺界才会展现出更强大的活力。

11.1.3　全息投影助力虚拟偶像：引爆娱乐

早前，文化部和广电总局联合举办了"IHATOV 交响曲演出"。在此次演出中，有一位非常特殊的嘉宾——初音未来。之所以说她特殊，主要就是因为她并不是真正的人类，而是一位虚拟偶像。

实际上，初音未来就凭借自己的《甩葱歌》在中国走红，其影响力丝毫不逊色于现实偶像。而且，除了中国，初音未来在日本和一些其他国家也非常红，而且还举办过多场演唱会。

教授 Ian Condry 在麻省理工学院讲授日本流行文化的时候提到："初音未来是一个可以任意编辑的偶像。"的确，初音未来诞生于漫画家 KEI 之手，是一个完全由人的意念所创造的产物，这个小姑娘扎着具有标志性的双马尾，穿着一件非常漂亮的黑色连衣裙，十分惹人喜爱。在最开始的时候，初音未来只是被呈现在纸上，真正让她进入大众视野的背后功臣是全球最大全息技术企业——Sax 3D。该企业提供的全息投影显示屏具有一些非常明显的优势，例如，透明、不会受到光线影响等，也正是因为这些优势，初音未来的演唱会才会有非常完美的视觉效果呈现出来。

实际上，对于初音未来这样的虚拟偶像来说，有很多技术都是不可或缺的，主要包括三项，如图 11-2 所示。

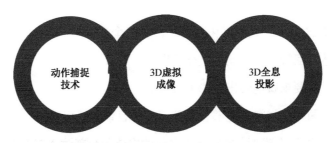

图 11-2 初音未来所不可或缺的技术

1. 动作捕捉技术

在动作捕捉技术的助力下，初音未来可以直接拥有人类的表情和动作，从而使自己的一颦一笑与人类更加接近。

动作捕捉技术来源于电影工业科技，通过红外线摄像机、动作分析系统，透过受试者身上的反光球执行反射回来的光线，运用摄像机拍摄到的 2D 影像转换成 3D 资料，再经过进一步的处理，最终完成整个捕捉过程。

2. 3D 虚拟成像

完成动作捕捉之后，就需要对生成的"人物骨骼"进行"无痕"对接，而实现这一目标的技术则是由 3D 虚拟成像。

在该项技术的助力下，初音未来的形象可以被很好修饰，从而最大限度地符合粉丝的审美取向。

3. 3D 全息投影

为了与自己的粉丝进行亲密互动，初音未来经常要举办演唱会。在演唱会上，3D 全息投影技术就显得非常重要，因为该项技术突破了传统的声、光、电，最终形成高清晰度的 3D 图像。通过 3D 全息投影技术，初音未来就不必总是呆在二次元的世界当中，而是可以真真切切地来到粉丝身边。

更关键的是，在观看初音未来的时候，粉丝不需要再像之前那样佩戴眼镜，这样不仅方便了很多，而且还可以看得更清楚。

在初音未来五岁时，她就已经创下了超 100 亿日元的经济效益，她的演唱会、游戏出演的费用也达到了 200 万到 300 万日元，广告费用更是高达 750 万到 800 万日元。

不仅如此，在 PSV 平台上推出的《初音未来：歌姬计划 f》的总销量也达到 39 万套。如果按照每套 100 元人民币来计算的话，初音未来为这个平台带来了 3 900 万人民币的巨额收入。

但其实，初音未来的超高人气并未停留在诞生之年，即使到了现在，其人气也一直在呈几何倍数增长。可以预见的是，以初音未来为代表的虚拟偶像还会越来越多，这不仅有利于偶像种类的丰富，还有利于促进文艺领域多姿多彩的发展。

11.2 成功结合 AI 与文化产业的秘密

科技是第一生产力，AI 的进步，必然会促进文化产业的繁荣昌盛。与 AI 息息相关的图像算法、机器学习技术、计算机视觉技术和自然语言处理技术都会使文化产业的发展受益，最终使文艺形式更丰富，使文化服务力获得提升。

11.2.1 掌握前沿科技，丰富文艺形式

AI 融入文化领域将会全面促进文化创新，丰富文艺形式。文艺工作者要创作优秀的文艺作品，一方面要深入生活，扎根本土文化；另一方面，要博采众长，吸收外来文化的优秀元素。

无论是扎根生活，还是海纳百川，都需要文艺工作者具备强大的学习力和理解力，

AI 的应用就能够开拓文艺工作者的眼界，增加他们的见识，促使他们的创作手法获得升级与创新。

一方面，AI 能够智能化、快捷化地为文艺工作者搜索大量的优质文艺作品,供他们阅读。例如，一个文艺作品原创人员非常喜欢通俗化的、流行化的 IP 小说，那么借助深度学习技术智能搜索平台，就会为他推荐近年来大火的文学作品。通过反复阅读类似的作品，文艺原创工作者大都能够从中总结出一些写作的模式与套路。之后，结合自己的写作特点，融入自己独特的表达方式，以及自己对生活与文艺的理解，就能够创作出一些更加鲜活的文艺作品。

另一方面，基于深度学习技术的智能平台会根据文艺工作者偏爱的文艺类型，推荐类似的文学作品和相关的文学大家。这样反复的推荐，能够让文艺工作者迅速了解某种文章的写作风格与写作技巧。例如，一个文艺工作者喜欢纯文学和现代文学，那么智能平台就会为他提供许多这样的文艺大家及其相关作品。

英国早期的位于古典与现代交界地带的勃朗特三姐妹的作品;法国新锐小说派的作品，特别是玛格丽特·杜拉斯的作品；现代派小说鼻祖卡夫卡的作品；站在现代纯文学的顶端米兰·昆德拉的作品，类似的文学大师和文艺作品还有很多，智能平台都能够不断地为文艺工作者提供这方面的资料。

通过研究及刻意的练习，文艺工作者会获得更大的长进，逐渐形成自己写现代小说的风格，也会带来更多的写法创新，最终促进现代小说的繁荣。

当然，AI 不仅能够促进文学创作的繁荣，对其他文艺领域也有着相同的影响。例如，在现代，画家更讲究作品的个性，基于 AI 的智能平台就会帮忙搜集大量的优秀作品，同时推荐一些相关的画作，以供画家参考并学习。

歌手也会利用 AI，研究流行的歌曲中受欢迎的音调组合形式和变化规律，最终创作出更受欢迎的流行音乐作品。英国青年歌手 Alan Walker 凭借原创的电音作品 *Fade* 深受大家的欢迎；之后许多音乐作品也如雨后春笋般冒了出来，例如，*One last time*、*Where have you gone* 等。

近年来，嘻哈音乐的流行也离不开 AI 在背后的支持。《中国有嘻哈》就是典型的 AI 运营案例。通过大数据技术的调查，以及用户对嘻哈音乐的喜爱程度的分析，才打造出了这款新颖的音乐综艺节目，促使了音乐节目的繁荣发展。

相声、小品等喜剧类文化作品的繁荣也离不开 AI 的支撑。借助 AI，特别是视觉识别技术，能够智能分析现场观看喜剧表演的观众的表情，从而找出能够激发他们笑点，促使他们娱乐的各种喜剧"包袱"，从而促使喜剧的商业化发展和喜剧内容不断创新。

但是，这种方式还是要注意使用技巧。笑点越早地被应用就会越有意思，越能够让观众产生欢乐。如果一个笑点被用滥了，就毫无价值了，再接着使用，则会引起观众的反感。

AI 全面融入各类艺术形式当中，不仅会促进艺术形式的更新和内容的创新，也会促进文化的不断发展与繁荣。同时，坚持适度、适量使用的原则，多一些原创性的内容和表达，会取得更加良好的效果。

11.2.2 综合提高文化服务力，惠及大众

满足用户的需求是智能机器发展的基本要求，而让智能机器理解用户是人工智能发展的最终目的。我们无可否认，无论是何种工具，在设计之初都是为了满足人类的需求的。

例如，渔网的设计就是为了满足人们捕鱼的需求；蒸汽机的发明创造就是为了提高人们的工作效率，并且把人类从重体力劳动中解放出来；汽车、飞机等交通工具的发明与创造就是为了满足人们获得更高的出行效率的需求的。

虽然在机器的发明过程中，我们的工作效率提高了，生活也更加便捷高效了。但是，不难发现，在过去的岁月里，我们的机器只能简单地满足基本需求，而不能主动理解我们的需求。这也给我们带来了诸多不便。

例如，我们是在自然语言的环境中逐渐成长成熟的，对于周围的一切，我们也习惯于用我们的母语进行沟通交流。

而在互联网时代的早期，面对电脑，我们只能通过键盘输入，通过鼠标操作来搜索相应的知识，虽然这比直接向相关专家询问要快捷许多，却节约了很多时间，但是却能使我们局限于电脑面前。我们不能进行更多的语言交流，只能适应计算机的特性，长此以往，我们与人交往的能力就会受到影响，我们的语言表达能力就会很差，这很不利于人的全面发展。

因此，如果工具仅仅满足了人们的基本需求，而不能与人们进行更好的交互，不能理解人们的需求，那么在我看来，这将是技术的最大悲哀。

在 AI 发展的初期，让机器理解人的自然语言，让机器能够与人进行基本的对话，是技术发展史上的一个重要转折点。此时，机器才由满足用户的需求向理解用户的需求平稳过渡。

要机器能够理解我们的自然语言，基本的要求是要能够听清而且能够听懂我们的语言，这就需要有强大的语音识别能力和语义解析能力。在 AI 发展的初期，我们的智能型服务机器人的发展也还处于初期阶段，只限于听懂我们的话语，执行我们的命令，离我们的理想状态还有很大的差距。

在理想状态下，能够理解我们需求的智能机器人应该包含以下三个基本特征，如图 11-3 所示。

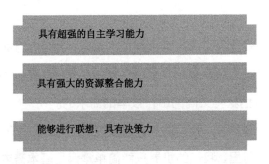

具有超强的自主学习能力

具有强大的资源整合能力

能够进行联想，具有决策力

图 11-3　机器理解用户需求的三个基本特征

在现阶段，我们的智能机器基本上已经具备了自主学习能力及资源整合能力，虽然与最终更为智能的效果相比还是存在一定的差距的，但是我们在算法的能力上及大数据技术上，还是有较大的上升空间。

未来，我们的智能机器在这两方面的能力上还是会有较大的突破。但是若要机器拥有强大的联想能力及果断的决策能力，目前还是会有许多技术上的难题。

同时，我们还要坚信，技术难题也应该能够通过技术上的进步而逐渐攻坚克难，取得最后的胜利。

现在科学家正着力研发一项名为情感机器人（emotionalrobot）的技术。在这一技术的支撑下，拥有"情感"的机器人初步具备了五项更为强大的智能。

第一，情感机器人拥有基本的理解能力，可以通过文字信息、图片信息、语言信息精准地对人们的情感进行捕捉。

第二，情感机器人也能像我们人类一样，拥有较长期的记忆，能够通过自然对话，理解我们更多的真实意图和真实需求。

第三，情感机器人可以根据我们的情绪波动变化，调整自己的对话策略，达到更加有趣的人机互动效果。

第四，在自然对话中，情感机器人能够帮助我们处理一些更为复杂的问题，并且提出一些合理化的建议。

第五，情感机器人能够对用户的喜好进行特别的记忆。这样，它们便能够为我们提供更个性化的服务。

目前，我们的人工智能产品大都缺少情感，记忆力智能停留在单句的指令层面，也只会相应地做出一般的、机械的回答。

综上，核心技术的高速发展会让智能机器人的发展更迅速、更成熟。未来，我们必定会研发出更全面的智能机器人，它们更能够理解我们的需求，而非只是满足我们的需求。同时，它们也会具备更出色的灵活性，以及更强大的适应性。

11.3　"AI+文艺"典型案例

如今，AI 已经不再局限于高科技范畴，而是大张旗鼓地进入了各个领域，就连人类引以为傲的文艺领域，也开始面临这一技术的挑战。

AI 机器人撰写出了与人类相差无几的行为报道；敦煌小冰可以陪人类聊天，帮助人类学习更多的知识；百度大脑助力《魔兽》推广，使票房大幅度飙升；这些都是"AI+文艺"的典型案例，为文艺领域增添了新的色彩。

11.3.1　AI 机器人：代替记者撰写新闻报道

当一个人正在阅读一篇新闻报道时，如果突然告诉他，那篇新闻报道的真正作者并不是记者，而是 AI 机器人，他会有什么感想呢？这已经不仅仅只存在于想象之中，而是变成了现实。

实际上，无论是网络上的新闻报道，还是报纸杂志上的新闻报道，其中都有一部分是由 AI 机器人撰写的。随着 AI 不断发展和进步，AI 机器人撰写新闻报道已经逐渐成为一种新的热潮。

如果对这些机器人进行深入分析的话，就可以发现一个非常明显的特点——它们撰写一篇新闻报道的速度很快。对于追求效率的当下来说，这的确是使用 AI 机器人来撰写新闻报道的一个关键原因。不过，与真正的记者相比，AI 机器人还有比较多的不足。以 AI 机器人 Dream writer 撰写的《8 月 CPI 同比上涨 2.0\n\n 创 12 个月新高》为例，通篇虽然加入了很多准确的数据，也把具体现象讲得非常清楚，但却无法营造一种正在阅读的感觉。

因为与真正的记者不同，AI 机器人 Dream writer 在撰写的时候为了追求速度，会忽略一些比较重要的东西，例如，情感性的表达、深入性的探索等。

除此以外，在撰写的时候，AI 机器人 Dream writer 也并不会注重逻辑和条理，从而导致整体结构的不完善、不系统。

当然，在撰写方面，也有很多比较出色的 AI 机器人，微软小冰就是其中非常具体的代表案例之一。

在研发之初，微软小冰的定位就是情感型 AI 机器人，正因如此，才造就其在某些方面具有先天优势，例如，理解读者情感、展示情感语言等。另外，微软小冰加入了钱江晚报以后，已经撰写了很多篇新闻报道。不仅如此，微软小冰还在浙江 24 小时 App、微信公众号钱江晚报等平台上开设了自己的专栏，主要就是为了与读者进行更加亲密的互动。

如果仔细阅读由微软小冰撰写的新闻报道，就可以非常明显地感受到这些新闻报道与普通 AI 机器人撰写的新闻报道有很大不同，主要体现在以下两个方面。

1．微软小冰的文风非常独特——在保证幽默的前提下又不失严谨。例如，"运动不仅可以告别'四月不减肥，五月徒伤悲'的魔咒，迎接一个更美的自己，也是一种健康时尚的全新生活方式。"可以说，这句话与记者所写的并没有太大差别。

2．只要是微软小冰撰写的新闻报道，就具备非常强的逻辑性和结构性，前后呼应，一气呵成。以《怎样才能买到好的运动鞋？这些数据告诉你》为例，微软小冰先用"3·15"晚会提到的耐克鞋气垫的消息把主题自然而然地引出来，然后再通过一些数据的分析和整理，为读者提供详细的买鞋建议。

当然，如果与记者相比的话，微软小冰还有许多不足，但对于一个 AI 机器人而言，能撰写出这样的新闻报道已经非常不错了。

实际上，除了上述两个方面以外，微软小冰还有一个更大的优势——拥有多重身份。具体来讲，微软小冰涉猎了多个平台，因此，可以拥有更多与读者进行互动和交流的机会。要知道，这样的机会越多，微软小冰就越能理解读者的情感。

未来，记者对 AI 机器人撰写新闻报道的要求和期待会越来越高，当记者不再只是追求速度，而是更加注重质量的时候，像微软小冰这样的 AI 机器人肯定会发展得非常好。

但是，这并不意味着记者就不再需要做任何工作，因为，无论如何，AI 机器人都只是一个帮手，要想真正取代记者的话，还有很长的路要走。

11.3.2　敦煌小冰：智能聊天机器人

敦煌莫高窟是中国最具特色的三大石窟之一，也是稀有的世界文化艺术瑰宝，这个独特的艺术瑰宝催生出一门学科——敦煌学，主要研究藏经洞典籍和敦煌艺术特色。

可是，如今敦煌莫高窟却面临着严峻的保护问题，一是物质文化保护问题，二是精神文化传承保护问题。物质文化保护，主要是通过防风林的建设，防止文物受风沙侵害。另外通过文物保护制度建设，防止文物受游客的损害。

最难的还是莫高窟的精神文化传承和保护问题。敦煌学神秘莫测、高大精深，年轻人即使很喜欢，也没有足够的时间和精力来学习。为了更好地解决这一问题，能够更好地普及敦煌文化，使敦煌的优秀精神文明代代传承，敦煌研究院也不断采用最先进的现代科技来保护和传承这些珍贵的遗产。

敦煌千百年来以开放的心态融合了不同的优秀文明。如今，AI 时代的到来，一场 AI 革命也在莫高窟内悄然发生，AI 无疑为敦煌精神文化的继承和保护带来了新的生机。敦煌研究院携手微软亚洲研究院，联合研发设计了一款名为敦煌小冰的 AI 讲解员，而且它迅速成为代表敦煌的"网红"。敦煌小冰位于敦煌研究院的微信公众号中，当你打开公众号，就能够和它展开密切而又有趣的交谈。

敦煌小冰背后的技术支撑是大数据、云计算、深度学习等新兴的 AI 科技，利用敦煌研究院提供的海量珍贵数据，借助微软亚洲研究院提供的 Doc Chat 技术（自主知识学习技术），敦煌小冰能够用很少的时间迅速自主学习大量的敦煌学知识。同时，敦煌小冰通过 NLP，利用背后的微软大数据，能够迅速与游客展开智能对话。

敦煌研究院院长王旭东谈到："数字技术让不可移动的文化遗产活了起来，以此为基础，加上人文学者的研究成果，可以让古老的文化艺术搭上互联网的快车，走向千家万户。敦煌小冰的开发与上线，为利用互联网平台传播敦煌文化带来了别样的新颖方式，尤其深受年轻人喜爱。"

虽然，敦煌小冰聊天机器人的年龄小，但是对于上千页的《敦煌学大辞典》，它能够烂熟于"心"，而且能够在深度学习技术的加持作用下，不断深化对敦煌学知识的理解。这样，用户就可以通过与"敦煌小冰"对话，直观地感受到敦煌文化的魅力，得到有趣的旅游攻略，感受到贴心的服务体验。

另外，敦煌小冰能够做到不眠不休，能够 24 小时人们与进行聊天。如果你喜欢敦煌学知识，那么敦煌小冰无疑是有趣、有智慧、有活力的敦煌学大师。

很多人在与敦煌小冰聊天后都会表示："太有意思了，这个机器人很可爱。和她说话就像朋友间聊天，能方便准确地了解莫高窟各类信息，不像宣传材料那么冷冰冰的。"

而在与人们的闲聊过程中，敦煌小冰更担负起了敦煌文化传承与保护的重任。同时，在闲聊的过程中，人们还能够了解更多的关于敦煌的历史文化、旅游经典及学术研究等丰富的知识。敦煌研究院的官方数据显示："敦煌小冰每年至少可以帮助 200 万人了解古老且神秘的莫高窟文化。"

敦煌小冰的客服功能也是异常强大。敦煌小冰通过 AI 与人类智慧密切结合，实现智能客服效果的最大化。

敦煌小冰的研发是一次成功的应用，它能够让更多的人足不出户就感受到数字敦煌的无限美好与独特魅力。未来，AI 的进一步发展，会使敦煌小冰具备更强大的功能，敦煌文化也会得到最大化的保护与传承。

11.3.3 提升票房：百度大脑助力《魔兽》推广

对于自己的 AI 成果——百度大脑，李彦宏提到："百度大脑已经建成超大规模的神经网络，拥有万亿级的参数、千亿样本、千亿特征训练，能模拟人脑的工作机制。它的智商已经有了超前的发展，在一些能力上甚至超越了人类。"

整体来看，百度大脑涵盖以下四个领域，如图 11-4 所示。

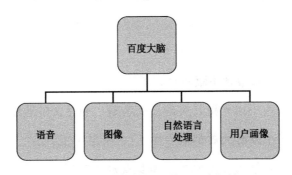

图 11-4 百度大脑涵盖的四个领域

语音领域包括语音合成和语音识别两大能力。百度旗下具代表性的语音产品是 Deep Speech，这个语音产品曾被评为改变世界的十大科技之一。

图像主要是指百度大脑拥有超强的人脸识别能力。目前百度大脑的人脸识别的准确率已经高达 99.7%。

在自然语言处理技术领域，百度具有代表性的产品就是"度秘"和百度翻译。

用户画像就是指根据用户画像进行的个性化推荐。百度大脑能够智能地描绘 61.5 万个标签，为每一个用户智能地贴上标签，从而做到千人千面。

其中，百度大脑在用户画像领域有着强大的能力，例如，百度和传奇影业合作，借助百度大脑，为魔幻巨制《魔兽》提升了票房。百度大脑智能地将《魔兽》用户划分为三类，分别是魔兽的死忠党、摇摆不定的人群及丝毫不感兴趣的人群。在这三类人群中，摇摆不定的人群就是百度大脑要重点宣传的目标人群。基于这样的智能划分，百度大脑精心地设计了推广方案。为了吸引摇摆不定的用户观看《魔兽》，百度大脑为《魔兽》打上了多元化的标签。

最终，百度大脑利用先进的 AI 帮《魔兽》扩大了影响力，使得票房提升了 200%。就此，李彦宏提到："这就是得到技术助力之后，文化成功'造越位'之后的漂亮'进球'。"

未来，随着 AI 进一步发展，百度大脑将会有更强大的功能。百度大脑与文化的深度融入，会促进文化的创新，以及文化产业的进一步繁荣发展。

反侵权盗版声明

电子工业出版社依法对本作品享有专有出版权。任何未经权利人书面许可，复制、销售或通过信息网络传播本作品的行为；歪曲、篡改、剽窃本作品的行为，均违反《中华人民共和国著作权法》，其行为人应承担相应的民事责任和行政责任，构成犯罪的，将被依法追究刑事责任。

为了维护市场秩序，保护权利人的合法权益，我社将依法查处和打击侵权盗版的单位和个人。欢迎社会各界人士积极举报侵权盗版行为，本社将奖励举报有功人员，并保证举报人的信息不被泄露。

举报电话：（010）88254396；（010）88258888

传　　真：（010）88254397

E-mail：　dbqq@phei.com.cn

通信地址：北京市万寿路 173 信箱

　　　　　电子工业出版社总编办公室

邮　　编：100036